Elementos para projetos em perfis leves de aço

Blucher

Antonio Moliterno
Engenheiro Civil
Professor da Escola de Engenharia da Universidade Mackenzie
Faculdade de Engenharia da Fundação Armando Álvares Penteado
e Faculdade de Engenharia de São Paulo.

Reyolando Manoel Lopes Rebello da Fonseca Brasil
Engenheiro Civil
Doutor em Eng. de Estruturas pela Escola Politécnica
da Universidade de São Paulo
Livre-docente pela Escola Politécnica da Universidade de São Paulo
Professor Titular da Universidade Federal do ABC

Elementos para projetos em perfis leves de aço

Elementos para projetos em perfis leves de aço
2ª edição revista e ampliada

Blucher

Rua Pedroso Alvarenga, 1245, 4º andar
04531-934 – São Paulo – SP – Brasil
Tel.: 55 11 3078-5366
contato@blucher.com.br
www.blucher.com.br

Segundo o Novo Acordo Ortográfico, conforme 5. ed. do *Vocabulário Ortográfico da Língua Portuguesa*, Academia Brasileira de Letras, março de 2009.

FICHA CATALOGRÁFICA

Moliterno, Antonio
Elementos para projetos em perfis leves de aço / Antonio Moliterno, Reyolando M. L. R. F. Brasil. – 2. ed. – São Paulo: Blucher, 2015.

Bibliografia
ISBN 978-85-212-0937-9

1. Aço – Estruturas I. Título II. Brasil, Reyolando M. L. R. F.

15-0730 CDD 624.1821

Índices para catálogo sistemático:
1. Aço – Estruturas

Ao Dr. Evaristo Valladares Costa, meu emérito professor
de Resistência dos Materiais, na Escola de Engenharia
da Universidade Mackenzie, em 1949.

Ao Dr. Wei-Wen-Yu, professor da Universidade de Missouri
(Estados Unidos). Graças a suas publicações técnicas, pude desenvolver os
conceitos teóricos e compilar os modelos dos exemplos apresentados.

Antonio Moliterno

Aos meus seis netos, amor do vovô.

Ao caro amigo e colega professor doutor Valdir Pignatta e Silva,
do Departamento de Estruturas e Geotécnica da Escola Politécnica
da Universidade de São Paulo (USP), e seus jovens orientandos nesta linha
de pesquisas, em especial Igor Pierin.

Reyolando Brasil

Prefácio da 2ª edição

Em cada geração de professores há alguns poucos que, além do preparo e da cultura, têm aquele raro dom de educar e liderar e que aceitam a responsabilidade de o fazer. Creio que o falecido professor Antonio Moliterno foi um desses.

Eu tive a felicidade de me beneficiar dessas suas características como seu aluno na Escola de Engenharia da Universidade Mackenzie, na década de 1960, e depois como professor da mesma escola, a seu honroso convite.

Como uma extensão natural de seu magistério, o professor Moliterno agraciou os engenheiros de várias gerações com uma série de livros destinados a mostrar a aplicação, na prática, dos conceitos da engenharia de estruturas. O passar inexorável do tempo, entretanto, tornou-os, em parte, ultrapassados em razão do progresso dessa especialidade nas décadas após os lançamentos, e o prematuro falecimento do autor impediu que ele mesmo os atualizasse. Esse é o caso desta obra.

O projeto de estruturas em perfis leves de aço, mais bem definidas como estruturas de perfis de aço fabricados a partir do dobramento de chapas, também denominados perfis formados a frio, sofreu grande revolução nestes últimos anos e continua um tema de ponta na pesquisa. O assunto é extremamente atual na prática da engenharia de estruturas, mas os métodos mudaram consideravelmente. Assim, quando a editora Edgard Blücher convidou-me para rever este livro, foi com muito pesar que comuniquei que não era o caso de uma revisão, mas sim de uma reescritura completa. É o que se faz mantendo a coautoria do professor Moliterno como uma homenagem àquele querido mestre.

O uso de perfis formados por chapas de aço finas dobradas a frio sempre foi um tema desafiador para a engenharia de estruturas, em decorrência dos problemas de estabilidade elástica e plástica, localizada e global, inerentes a essas peças extremamente delgadas. Na época da primeira edição deste livro, era de uso predominante no mercado brasileiro as normas norte-americanas AISI e AISC de tensões admissíveis (*allowable stress design*, ASD). Hoje, deve-se utilizar as normas brasileiras para esse tipo de estrutura, ABNT NBR 14762, de 2010, e ABNT NBR 6355, de 2012, formuladas em termos de estados-limite (*load and resistance factor design*, LRFD). São essas as normas adotadas neste livro.

No que tange às unidades, também eram utilizadas, na época, as unidades do sistema técnico (m, Kgf, s) e do sistema inglês. Estas últimas são de difícil conversão quando empregadas em algumas fórmulas empíricas das normas norte-americanas. Fez-se, assim, a opção de mudar todas as unidades para as recomendadas pelo sistema internacional (SI), oficiais no Brasil.

Agradeço ao professor doutor Valdir Pignatta e Silva, colega do Departamento de Engenharia de Estruturas e Geotécnica, da Escola Politécnica da Universidade de São Paulo (EPUSP), e seu ex-orientando de doutorado Igor Pierin, pela gentileza de emprestar pesadamente de um de seus recentes trabalhos neste tema.

Reyolando Brasil

Prefácio da 1ª edição

Diante da grande demanda por aços não planos, cuja produção das nossas siderúrgicas ainda por muitos anos permanecerá em constante atraso ao atendimento das necessidades, notamos cada vez mais a intensificação no Brasil da produção dos aços planos e seus produtos derivados, tais como perfis pesados soldados e perfis formados por chapas dobradas a frio ou perfis leves.

Objetivando particularmente atender o emprego correto dos perfis leves pelos pequenos construtores e serralherias, achamos oportuno e necessário promover uma campanha de conscientização sobre a responsabilidade dos projetos, pois, infelizmente, não tem sido dada a importância devida, possivelmente por desconhecimento dos problemas da estabilidade ou pelo equívoco dado pela empolgação ao pouco consumo de aço, comparados com os mesmos perfis similares, laminados a quente pela CSN[1].

Devemos esclarecer que essa preocupação já existe há muito tempo, pelo testemunho da antiga norma brasileira PNB-143, publicada em 1967.

Provavelmente a falta de um livro sobre o assunto, na época, tenha sido a causa da pouca divulgação, aliada à falta de pesquisa e até mesmo ao desconhecimento da PNB-143 sobre cálculo das estruturas de aço constituídas por perfis leves, no nosso meio técnico que se utiliza da construção metálica, adjudicando estruturas a serralheiros que não contam com assistência técnica.

---

[1] Companhia Siderúrgica Nacional, de Volta Redonda (RJ).

Pelo exposto, abordamos vários assuntos, conforme os itens apresentados no manual do AISI-1968, mantendo também o mesmo sistema de unidades.

Queremos deixar registrado nosso agradecimento às empresas que permitiram a publicação e a divulgação dos seus produtos:

- NEWTON S.A. – INDÚSTRIA E COMÉRCIO, de Limeira (SP), produtora de guilhotinas e dobradeiras.
- TEKNO S/A., presente nos estados de São Paulo e Rio de Janeiro, fabricante de coberturas.
- COFERRAÇO, do estado de São Paulo, que produz perfis dobrados.
- GESIPA DO BRASIL – INDÚSTRIA E COMÉRCIO DE FERRAMENTAS LTDA., do estado de São Paulo, fabricante de rebites cegos e aparelhos de rebitagem.
- ITW-MAPRI – INDÚSTRIA E COMÉRCIO LTDA., do estado de São Paulo, produtora de parafusos autoatarrachantes.

Professor Antonio Moliterno

Conteúdo

1. Perfis formados por chapas dobradas a frio 17

1.1 Perfis leves 17

1.1.1 Histórico 17

1.1.2 Sistema de unidades 18

1.1.3 Padronização dos perfis formados a frio 18

1.1.4 Notação 20

1.2 Processos de fabricação 23

1.3 Vantagens econômicas 24

2. Aços empregados 25

2.1 Especificações 25

2.2 Propriedades mecânicas 26

2.2.1 Diagrama de tensão-deformação: resistência de escoamento e resistência de ruptura 26

2.2.2 Módulo de elasticidade 27

2.2.3 Ductilidade 27

2.2.4 Soldabilidade 27

2.2.5 Influência do dobramento a frio nas propriedades mecânicas do aço 28

3. Introdução da segurança em estruturas 29
3.1 Definições........ 30
3.1.1 Estados-limite........ 30
3.1.2 Ações........ 30
3.2 Condições gerais........ 30
3.2.1 Estados-limite........ 30
3.2.1.1 Estados-limite últimos........ 31
3.2.1.2 Estados-limite de utilização........ 31
3.2.2 Ações........ 32
3.2.2.1 Classificação das ações........ 32
3.2.2.2 Valores representativos das ações........ 32
3.2.2.3 Valores de cálculo das ações........ 33
3.2.3 Ações: tipos de carregamento e critérios de combinação........ 34
3.2.3.1 Tipos de carregamento........ 34
3.2.3.2 Critérios de combinação das ações........ 35
3.3 Condições específicas........ 35
3.3.1 Condições de segurança........ 35
3.3.1.1 Condições usuais relativas aos estados-limite últimos........ 35
3.3.1.2 Condições usuais relativas aos estados-limite de utilização........ 36
3.3.2 Combinações das ações........ 36
3.3.3 Coeficientes de ponderação para combinações últimas........ 37
3.3.3.1 Ações permanentes........ 37
3.3.3.2 Ações variáveis........ 37
3.3.4 Fatores de combinação e fatores de redução referentes às combinações de utilização........ 38
3.4 Resistências........ 38
3.4.1 Resistência dos materiais........ 38
3.4.2 Valores representativos........ 38
3.4.2.1 Resistência média........ 38
3.4.2.2 Resistência característica........ 39
3.4.3 Valores de cálculo........ 39
3.4.3.1 Resistência de cálculo........ 39
3.5 Métodos para dimensionamento de perfis formados a frio........ 39

4. Nota sobre a estabilidade das estruturas 41

4.1 Modelos clássicos 41

4.1.1 Instabilidade por bifurcação do equilíbrio 41

4.1.2 Instabilidade por ponto-limite 42

4.2 Efeito de imperfeições 43

4.3 Instabilidade em estruturas de aço constituídas de perfis formados a frio 44

4.3.1 Instabilidades globais 44

4.3.2 Instabilidades locais 44

4.3.3 Instabilidades distorcionais 44

5. Peças tracionadas 47

5.1 Força axial de tração resistente de cálculo 47

5.2 Programa computacional e exemplo 50

6. Peças comprimidas 55

6.1 Flambagem global por flexão, por torção ou por flexotorção 55

6.1.1 Perfis com dupla simetria ou simétricos em relação a um ponto 55

6.1.2 Perfis monossimétricos 56

6.1.3 Perfis assimétricos 57

6.1.4 Força axial de compressão resistente de cálculo 57

6.2 Flambagem distorcional 58

6.3 Limitação de esbeltez 60

6.4 Barras compostas comprimidas 60

6.5 Programa computacional e exemplo 61

7. Peças sob flexão simples 65

7.1 Início de escoamento da seção efetiva 65

7.2 Flambagem lateral com torção 67

7.2.1 Determinação do momento fletor de flambagem elástica lateral com torção 67

7.2.2 Momento fletor resistente de cálculo referente à flambagem lateral com torção 67

7.3 Flambagem distorcional 68

7.4 Força cortante 69
7.5 Momento fletor e força cortante combinados 70
7.6 Cálculo de deslocamentos 70
7.7 Programa computacional e exemplo 71

8. Peças sob flexão composta 75

Referências bibliográficas 77

Anexo A – Seções transversais dos perfis formados a frio indicados pela ABNT NBR 6355, de 2012 79

Anexo B – Forças normais e momentos fletores críticos de perfis formados a frio abordados por Pierin, Silva e La Rovere (2013) 107

CAPÍTULO 1

Perfis formados por chapas dobradas a frio

1.1 PERFIS LEVES

São perfis leves aqueles obtidos por dobramento a frio de chapas finas de aço.

1.1.1 Histórico

Segundo a literatura técnica norte-americana, remonta de 1850 o emprego dos perfis formados por chapas dobradas a frio nos edifícios. No entanto, não há nenhuma especificação completa, apenas algumas recomendações dos códigos de obras obtidas da prática e registradas em artigos.

Em 1939 coube às universidades, entre elas a Cornell University, sob orientação do professor George Winter, desenvolver pesquisas sobre elementos estruturais leves em perfis de aço, formados por chapas dobradas a frio. Tais pesquisas foram patrocinadas pelo American Iron and Steel Institute (AISI). O conhecimento adquirido, fruto do trabalho de vários pesquisadores, deu origem, em 1946, à primeira edição de *Especificações para projeto de elementos estruturais em perfis leves*, do AISI. Em seguida, veio o *Manual de projetos de perfis leves em* aço, de 1949, e subsequentes revisões quinquenais. Países da Europa e da Ásia (Japão e Índia) elaboraram suas normas baseadas nos critérios do AISI.

No Brasil, com patrocínio da empresa Tecnofer, por meio do escritório do professor Antonio Alves Noronha, editou-se a NB-137, baseada nas especificações do AISI-1956. As normas atualmente vigentes no Brasil são: ABNT NBR 14762, de 2010, sobre dimensionamento de estruturas de aço constituídas por perfis formados a frio, e ABNT NBR 6355, de 2012, sobre padronização de perfis estruturais de aço formados a frio. Este texto é baseado nessas normas.

1.1.2 Sistema de unidades

As unidades adotadas neste livro são do sistema internacional (SI). Elas são legalmente obrigatórias no Brasil. São elas:

- comprimento: metro e seus submúltiplos (m; cm; mm);
- área: m^2; cm^2; mm^2;
- força: Newton e seus múltiplos (N; KN);
- tensão: Pascal e seus múltiplos (Pa; MPa; GPa).

1.1.3 Padronização dos perfis formados a frio

A norma ABNT NBR 6355, de 2012, sobre perfis estruturais de aço formados a frio, estabelece os requisitos exigíveis desse tipo de perfil com seção transversal aberta. Apresenta uma série comercial de perfis com espessuras entre 0,43 mm e 8 mm, indicando suas características geométricas. No Anexo A deste livro são apresentados esses dados.

A designação normatizada é feita da seguinte forma: tipo do perfil × dimensões dos lados × espessura em mm. A Tabela 1.1, a seguir, mostra os tipos de perfil e sua nomenclatura.

Tabela 1.1 Perfis padronizados pela ABNT NBR 6355, de 2012.

Série	Seção transversal	Designação
Cantoneira de abas iguais	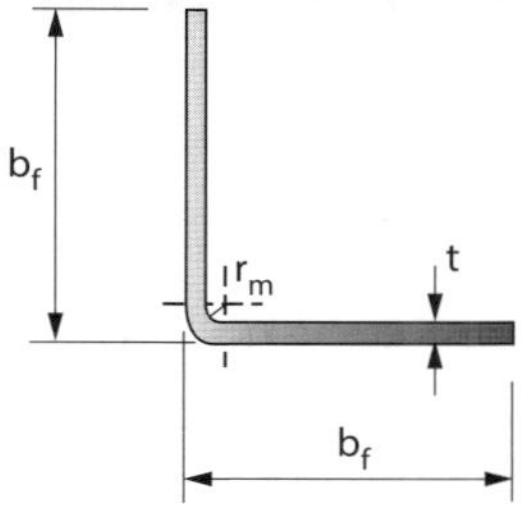	L $b_f \times t$ Ex: L 50 x 3,00
U simples	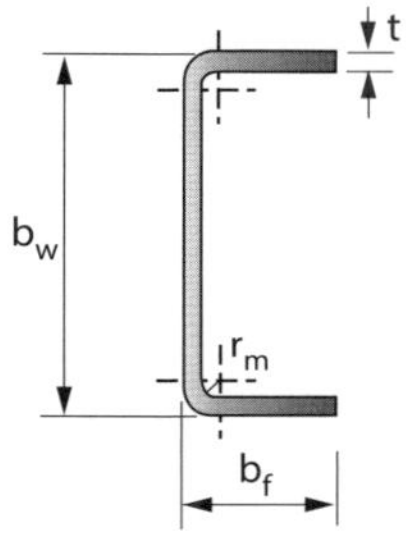	U $b_w \times b_f \times t$ Ex: U 150 x 50 x 2,65
U enrijecido	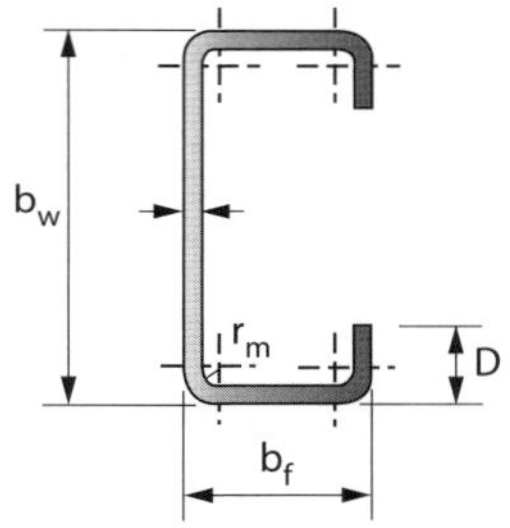	Ue $b_w \times b_f \times D \times t$ Ex: Ue 150 x 60 x 20 x 2,65
Z enrijecido a 90°	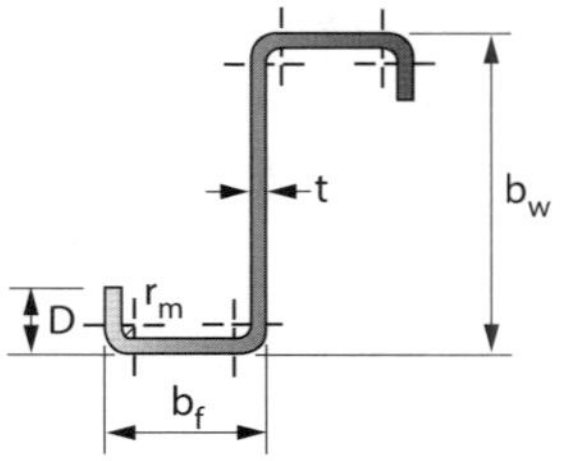	Z_{90} $b_w \times b_f \times D \times t$ Ex: Z_{90} 200 x 75 x 20 x 2,25
Z enrijecido a 45°	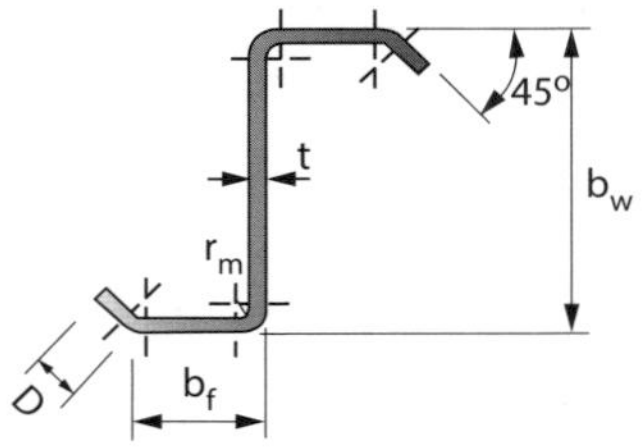	Z_{45} $b_w \times b_f \times D \times t$ Ex: Z_{45} 200 x 75 x 20 x 2,25

1.1.4 Notação

Apresenta-se no texto o significado das letras contidas nas várias fórmulas usadas neste livro. Mesmo assim, torna-se conveniente expô-las, para familiarização inicial, na lista a seguir.

- Letras romanas maiúsculas

  A: área bruta da seção transversal da barra.

  A_{ef}: área efetiva da seção transversal da barra.

  A_n: área líquida da seção transversal da barra na região da ligação.

  A_{n0}: área líquida da seção transversal da barra fora da região da ligação.

  A_s: área da seção transversal do enrijecedor de alma.

  C: parâmetro empregado no cálculo da resistência ao escoamento modificada.

  C_b: fator de modificação para diagrama de momento fletor não uniforme, empregado na flexão simples.

  C_m: fator empregado no cálculo do momento fletor solicitante na flexão composta.

  C_s: fator empregado no cálculo do momento fletor crítico de flambagem lateral com torção.

  C_t: coeficiente de redução usado no cálculo da área líquida efetiva.

  D: largura nominal do enrijecedor de borda.

  E: módulo de elasticidade do aço, adotado igual a 200000 MPa.

  F_e: força crítica de flambagem elástica.

  G: módulo de elasticidade transversal, adotado igual a 77000 MPa.

  I_a: momento de inércia de referência do enrijecedor de borda.

  I_s: momento de inércia da seção bruta do enrijecedor de borda em torno do eixo que passa pelo seu centro geométrico e paralelo ao elemento a ser enrijecido. A parte curva entre o enrijecedor e o elemento a ser enrijecido não deve ser considerada.

  I_x; I_y: momentos de inércia da seção bruta em relação aos eixos principais x e y, respectivamente.

  I_t: momento de inércia à torção uniforme.

  I_w: momento de inércia ao empenamento da seção transversal.

  K_xL_x: comprimento efetivo de flambagem global em relação ao eixo x.

  K_yL_y: comprimento efetivo de flambagem global em relação ao eixo y.

  K_zL_z: comprimento efetivo de flambagem global por torção.

  L: distância entre pontos travados lateralmente da barra; comprimento da barra.

  M_A: momento fletor solicitante, em módulo, no primeiro quarto do segmento analisado para FLT.

M_B: momento fletor solicitante, em módulo, no centro do segmento analisado para FLT.

M_C: momento fletor solicitante, em módulo, no terceiro quarto do segmento analisado para FLT.

M_{dist}: momento fletor crítico de flambagem distorcional elástica.

M_e: momento fletor crítico de flambagem lateral com torção.

$M_{máx}$: momento fletor solicitante máximo, em módulo, no segmento analisado para FLT.

M_{Rd}: momento fletor resistente de cálculo.

$M_{x,Rd}$; $M_{y,Rd}$: momentos fletores resistentes de cálculo em relação aos eixos principais x e y, respectivamente.

M_{Sd}: momento fletor solicitante de cálculo.

$M_{x,Sd}$; $M_{y,Sd}$: momentos fletores solicitantes de cálculo em relação aos eixos principais x e y, respectivamente.

$M_{0,Rd}$: momento fletor resistente de cálculo, obtido com base no início do escoamento da seção efetiva.

M_1; M_2: menor e maior momento fletor de extremidade da barra, respectivamente.

$N_{c,Rd}$: força axial de compressão resistente de cálculo.

$N_{c,Sd}$: força axial de compressão solicitante de cálculo.

N_{dist}: força axial crítica de flambagem distorcional elástica.

N_e: força axial crítica de flambagem global elástica.

N_{ex}; N_{ey}: forças axiais críticas de flambagem global elástica por flexão em relação aos eixos x e y, respectivamente.

N_{ez}: força axial crítica de flambagem global elástica por torção.

N_{exz}: força axial crítica de flambagem global elástica por flexotorção.

$N_{t,Rd}$: força axial de tração resistente de cálculo.

$N_{t,Sd}$: força axial de tração solicitante de cálculo.

V_{Rd}: força cortante resistente de cálculo.

V_{Sd}: força cortante solicitante de cálculo.

W_x: módulo de resistência elástico da seção bruta em relação ao eixo x.

W_y: módulo de resistência elástico da seção bruta em relação ao eixo y.

W_c: módulo de resistência elástico da seção bruta em relação à fibra comprimida.

$W_{c,ef}$: módulo de resistência elástico da seção efetiva em relação à fibra comprimida.

W_{ef}: módulo de resistência elástico da seção efetiva em relação à fibra que atinge o escoamento.

- Letras romanas minúsculas

a: distância entre enrijecedores transversais de alma.

a_m: largura da alma referente à linha média da seção.

b: largura do elemento; é a dimensão plana do elemento sem incluir dobras.

b_c: largura do trecho comprimido de elementos sob gradiente de tensões normais.

b_{ef}: largura efetiva.

$b_{ef,1}$; $b_{ef,2}$: larguras efetivas.

b_f: largura nominal da mesa.

b_m: largura da mesa referente à linha média da seção.

b_w: largura nominal da alma.

c_m: largura do enrijecedor de borda referente à linha média da seção.

d: largura do enrijecedor de borda; diâmetro nominal do parafuso; altura da seção.

d_{ef}: largura efetiva do enrijecedor de borda.

d_f: diâmetro do furo.

d_s: largura efetiva reduzida do enrijecedor de borda.

e_1; e_2: distâncias entre o centro dos furos de extremidade e as respectivas bordas, na direção perpendicular à solicitação.

f_u: resistência à ruptura do aço na tração.

f_y: resistência ao escoamento do aço.

f_{yc}: resistência ao escoamento do aço na região das dobras do perfil.

g: espaçamento dos parafusos na direção perpendicular à solicitação.

h: largura da alma (altura da parte plana da alma).

j: parâmetro empregado no cálculo do momento fletor de flambagem global elástica.

k: coeficiente de flambagem (local) de chapa do elemento.

k_a: coeficiente de flambagem de referência.

k_v: coeficiente de flambagem local por cisalhamento.

n_f: quantidade de furos contidos na linha de ruptura.

q: valor de cálculo da força uniformemente distribuída de referência, empregada no dimensionamento das ligações de barras compostas submetidas à flexão.

r: raio de giração da seção bruta.

r_e: raio externo de dobramento.

r_i: raio interno de dobramento.

r_o: raio de giração polar da seção bruta em relação ao centro de torção.

r_x: raio de giração da seção bruta em relação ao eixo principal x.

r_y: raio de giração da seção bruta em relação ao eixo principal y.

s: espaçamento dos parafusos na direção da solicitação.

t: espessura da chapa ou do elemento; menor espessura da parte conectada.

x: excentricidade da ligação.

x_m: distância do centroide em relação à linha média da alma, na direção do eixo x.

x_0: distância do centro de torção ao centroide, na direção do eixo x.

y_0: distância do centro de torção ao centroide, na direção do eixo y.

- Letras gregas minúsculas

γ: coeficiente de ponderação das ações ou das resistências, em geral.

λ_{dist}: índice de esbeltez distorcional reduzido.

λ_p: índice de esbeltez reduzido do elemento ou da seção completa.

λ_{p0}: valor de referência do índice de esbeltez reduzido do elemento.

λ_0: índice de esbeltez reduzido.

χ: fator de redução da força axial de compressão resistente, associado à instabilidade global.

χ_{dist}: fator de redução do esforço resistente, associado à instabilidade distorcional.

χ_{FL}: fator de redução do momento fletor resistente, associado à instabilidade lateral com torção.

σ: tensão normal, em geral.

σ_n: tensão normal de compressão, calculada com base nas combinações de ações para os estados-limite de serviço.

1.2 PROCESSOS DE FABRICAÇÃO

Dois processos para fabricação de perfis leves são amplamente utilizados na indústria. O primeiro é a prensagem (processo descontínuo); o segundo é a calandragem (processo contínuo).

A prensagem é executada colocando-se a tira da chapa previamente cortada em guilhotina e conforme o comprimento disponível da prensa (dobradeira). Encontram-se no mercado prensas para dobrar tiras com comprimento de 3000 mm, 6000 mm e, excepcionalmente, 12000 mm. As prensas podem ser mecânicas, nas quais o impacto é produzido por excêntrico, ou pneumáticas.

A operação de prensagem consiste no movimento de uma barra biselada superior que atua contra uma barra inferior e fixa, porém removível, de acordo com a espessura da chapa a ser dobrada e a configuração desejada. Esse processo é utilizado para a fabricação de cantoneiras, canais e seções Z, e presta-se para o dobramento de lâminas e chapas de 5 mm a 12 mm de espessura cortadas em tiras. As dimensões transversais máximas, de acordo com o maquinário norte-americano, correspondem ao desenvolvimento de 750 mm de largura. No Brasil, a maioria dos catálogos fornece 300 mm como altura máxima, 85 mm de largura das abas e de 1 a 5 mm de espessuras para perfis estandardizados. Outras medidas são fabricadas sob encomenda.

O processo por calandragem (contínuo) é empregado para lâminas e chapas finas. Esse processo tem a vantagem de obter grande produção (6 m/min a 90 m/min), pois, dependendo do maquinário, a bobina da tira de aço passa por retificação, dobramento a frio e corte do perfil acabado nos comprimentos desejados, geralmente de 6000 mm e 9000 mm, para que não sofra empenamento em razão de seu peso próprio durante a manipulação.

O maquinário pode ser desde uma simples calandra de três rolos a uma bateria de vários rolos dispostos em uma pista de produção. A calandra de três rolos é de baixa produtividade e utilizada para dobrar barras e chapas a frio. Destina-se a pequenas oficinas de confecção de calhas e tubos e curvamento de barras.

Esse processo é utilizado principalmente para a fabricação de perfis estruturais, peças de esquadrias, carrocerias, tubulações, telhas, painéis de paredes, painéis de piso etc. Emprega-se lâminas e chapas finas.

1.3 VANTAGENS ECONÔMICAS

O emprego das estruturas formadas por perfis de chapas dobradas a frio tem algumas vantagens econômicas. Elas estão no baixo peso de aço que, consequentemente, se traduz em menor custo de montagem e diminuição do prazo de execução.

A eficiência máxima é obtida quando são resguardadas as possíveis falhas inerentes à construção leve, tais como instabilidade global ou local, escoamento do material etc. Na prática, as condições econômicas ideais nem sempre podem ser atingidas, em virtude de restrições e condicionamentos, como pré-seleção e limitação das dimensões dos perfis. No entanto, se houver prevenção contra as falhas apontadas, a eficiência é máxima.

O emprego dos aços de alta resistência nem sempre é vantajoso, principalmente no caso de colunas esbeltas, sujeitas ao problema da flambagem global. Para as seções com abas comprimidas não enrijecidas, com elevada relação largura-espessura, a falha pode ser provocada por flambagem local, no limite elástico. Nessas condições, o emprego dos aços de alta resistência não é econômico no custo total.

Cumpre, entretanto, ressaltar que a flexibilidade do processo de dobragem a frio produz uma infinidade de variedades de perfis, havendo nessas condições uma solução vantajosa.

2

CAPÍTULO

Aços empregados

2.1 ESPECIFICAÇÕES

A norma da Associação Brasileira de Normas Técnicas (ABNT), NBR 14762, de 2010, recomenda o uso de aços apropriados para o trabalho a frio, apresentando relação entre a resistência à ruptura e a resistência ao escoamento maior que 1,08. Também mostra alongamento após a ruptura de 10% para a base de medida de 50 mm ou de 7% para a base de medida de 200 mm. A Tabela 2.1, a seguir, apresenta características de chapas finas de aço para uso estrutural.

Tabela 2.1 Chapas finas de aço para uso estrutural.

Especificação	Grau	f_y(MPa)	f_u(MPa)
ABNT NBR 6649/ ABNT NBR 6650 Chapas finas (a frio/a quente) de aço-carbono	CF-24	240	400
	CF-26	260/260	400/410
	CF-28	280/280	440/440
	CF-30	-/300	-/490
ABNT NBR 5004 Chapas finas de aço de baixa liga e alta resistência mecânica	F-32/Q-32	310	410
	F-35/Q-35	340	450
	Q-40	380	480
	Q-42	410	520
	Q-45	450	550
ABNT NBR 5920/ ABNT NBR 5921 Chapas finas e bobinas finas (a frio/a quente), de aço de baixa liga, resistentes à corrosão atmosférica	CFR 400	-/250	-/380
	CFR 500	310/370	450/490
ABNT NBR 7008/ ABNT NBR 7013/ ABNT NBR 14964 Chapas finas e bobinas com revestimento metálico	ZAR 250	250	360
	ZAR 280	280	380
	ZAR 320	320	390
	ZAR 345	345	430
	ZAR 400	400	450

2.2 PROPRIEDADES MECÂNICAS

2.2.1 Diagrama de tensão-deformação: resistência de escoamento e resistência de ruptura

A resistência de peças em aço estrutural dobradas a frio depende do limite de escoamento e do limite de resistência última, exceto nos casos críticos de flambagem elástica global, local e distorcional.

Deve-se esclarecer que a capacidade de carga dos perfis formados por chapas dobradas a frio de elementos fletidos ou comprimidos geralmente é limitada pela relação largura-espessura das abas planas e da tensão de flambagem, menor, portanto, que a tensão de escoamento. Há exceção nas conexões aparafusadas que dependem da tensão de escoamento e também da resistência última do material, em decorrência das concentrações de tensões.

Pesquisas apontam a importância entre a relação do efeito da *peça virgem* (corpo de prova sem sofrer dobramento a frio) e a do efeito da *peça dobrada* a frio em relação à resistência de ruptura.

Assim, o diagrama de tensão-deformação tem grande importância para a caracterização dos aços estruturais, podendo-se ter dois tipos distintos:

a) diagrama com patamar de escoamento, que corresponde aos aços-carbonos estruturais, laminados a quente;

b) diagrama com escoamento gradual, sem patamar de escoamento, que corresponde aos aços-carbonos estruturais trabalhados ou laminados a frio.

2.2.2 Módulo de elasticidade

A estabilidade de uma peça contra flambagem depende não apenas da tensão de escoamento, mas também do módulo de elasticidade. O valor do módulo de elasticidade especificado pela ABNT é de 200000 MPa.

2.2.3 Ductilidade

A ductilidade do material é conceituada como a capacidade de manter elevada deformação plástica antes da ruptura. Isso não é condição requerida apenas no processo de dobramento das peças, porque também deve permitir uma redistribuição plástica próximo dos fixadores de conexão, pontos onde ocorrem concentrações de tensões.

A ductilidade pode ser medida por ensaio de tração, ensaio de dobramento ou ensaio do chanfro, com o pêndulo de Charpy.

2.2.4 Soldabilidade

Trata-se da propriedade do aço ser soldado satisfatoriamente, ficando livre de crateras e permitindo a execução de ligações sem dificuldade na penetração do metal da solda. Essas condições dependem basicamente da composição química do aço, variando conforme o tipo de aço e o processo de soldagem utilizado.

A máxima porcentagem de carbono geralmente é limitada em 0,25% para solda de fusão do eletrodo e em 0,15% para solda de ponto.

2.2.5 Influência do dobramento a frio nas propriedades mecânicas do aço

As propriedades mecânicas das seções obtidas de lâminas, chapas e barras dobradas a frio são, na maioria das vezes, substancialmente diferentes daquelas provenientes dos aços originais (virgens). Isso ocorre porque na operação do dobramento a frio aumenta-se o limite de escoamento e a resistência a tração; por outro lado, a ductilidade fica diminuída na maioria dos casos.

O material nos cantos da seção fabricada a frio apresenta-se com as propriedades mecânicas melhoradas em relação ao material do elemento plano. As considerações apresentadas concluem que o material dos cantos dobrados ou virados da seção fabricada a frio mostra-se com suas propriedades melhoradas e que a flambagem ou escoamento do material inicia-se no elemento plano, em razão da redução do limite de resistência em relação ao material virgem.

Resultados experimentais apontam as mudanças das propriedades mecânicas causadas pelo dobramento a frio e pelo encruamento (endurecimento por deformação). A adição do efeito do encruamento e a mudança das propriedades mecânicas produzidas pela fabricação da seção a frio também são causadoras, direta e inversamente, do *efeito Bauschinger* – assunto da Teoria da Elasticidade e Fotoelasticidade. O efeito Bauschinger, nesse caso, refere-se ao fato de a resistência à compressão longitudinal do aço estirado após a fabricação do perfil dobrado ser menor que a resistência à tração longitudinal.

Em geral, o acréscimo do ponto de escoamento é mais pronunciado para as chapas laminadas a quente do que para as chapas de espessura reduzidas por laminação a frio.

3 CAPÍTULO

Introdução da segurança em estruturas

Neste texto, usa-se o Método dos Estados-Limite, conhecido em inglês como *Load and Resistance Factor Design* (LRFD). Trata-se do procedimento adotado pelas normas técnicas brasileiras da ABNT NBR 8681, de 2003, sobre ações e segurança nas estruturas, e ABNT NBR 14762, de 2010, sobre dimensionamento de estruturas de aço constituídas de perfis formados a frio.

Por meio desse método, são obtidos, separadamente, os valores de cálculo dos esforços solicitantes, S_d, e dos esforços resistentes da peça sendo verificada, R_d. Para a obtenção desses valores, são aplicados coeficientes de ponderação γ adequados a cada um deles. Ao final, os esforços resistentes devem ser maiores ou iguais aos esforços solicitantes, para que o dimensionamento daquela peça seja aceito.

A nomenclatura utilizada é didática. Se for tomada como exemplo uma peça submetida a um esforço normal de compressão ou de tração, o esforço solicitante de cálculo é designado por N_{S_d}, em que a letra maiúscula N é o esforço normal, o subscrito S refere-se ao fato de ele ser uma solicitação e d é o valor de cálculo (*design*, em inglês), já fatorado pelos coeficientes de ponderação γ adequados. O esforço resistente de cálculo é designado por N_{R_d}, em que o subscrito R indica uma resistência e d é o valor de cálculo, já fatorado pelos coeficientes de ponderação γ adequados. Esse valor depende, entre outros fatores, da resistência do material, indicada por uma letra minúscula f, como, por exemplo, a resistência ao escoamento do aço que é representada por f_y (*yield*, em inglês), em unidades de tensão (Pa).

3.1 DEFINIÇÕES

3.1.1 Estados-limite

Podem ser observados três tipos de estados-limite: de estrutura, último e de utilização.

- A partir dos estados-limite de uma estrutura apresenta-se o desempenho inadequado para as finalidades da construção.
- Os estados-limite últimos são aqueles que, pela sua simples ocorrência, determinam a paralisação, no todo ou em parte, do uso da construção.
- Os estados-limite de utilização, por sua ocorrência, repetição ou duração, causam efeitos estruturais que não respeitam as condições especificadas para uso normal da construção, ou que são indícios de comprometimento da durabilidade da estrutura.

3.1.2 Ações

São as causas que provocam os esforços ou deformações nas estruturas. Do ponto de vista prático, as forças e as deformações impostas pelas ações são as próprias ações. As deformações impostas são, por vezes, designadas por ações indiretas e as forças, por ações diretas. Os principais tipos de ações são: permanentes, variáveis, excepcionais e cargas acidentais.

- As *ações permanentes* são aquelas que ocorrem com valores constantes ou de pequena variação em torno de sua média. Isso acontece praticamente durante toda a vida da construção. A variabilidade das ações permanentes é medida em um conjunto de construções análogas.
- As *ações variáveis*, por sua vez, ocorrem com valores que apresentam variações significativas em torno de sua média. Isso acontece durante a vida da construção.
- As *cargas acidentais* são as ações variáveis que atuam nas construções em função de seu uso (pessoas, mobiliário, veículos, materiais diversos etc.).
- *Ações excepcionais* têm duração extremamente curta e muito baixa probabilidade de ocorrência durante a vida da construção. Entretanto devem ser consideradas nos projetos de determinadas estruturas.

3.2 CONDIÇÕES GERAIS

3.2.1 Estados-limite

Podem ser estados-limite últimos ou estados-limite de utilização. Eles devem ser considerados nos projetos de estruturas dependendo dos materiais de construção empregados. Também devem ser especificados pelas normas referentes ao projeto de estruturas construídas com tais materiais.

3.2.1.1 Estados-limite últimos

No projeto, geralmente devem ser considerados os estados-limite últimos caracterizados por:

- perda de equilíbrio, global ou parcial, admitida a estrutura como corpo rígido;
- ruptura ou deformação plástica excessiva dos materiais;
- transformação da estrutura, no todo ou em parte, em sistema hipostático;
- instabilidade por deformação;
- instabilidade dinâmica.

Em casos particulares, pode ser necessário considerar outros estados-limite últimos que não os especificados anteriormente.

3.2.1.2 Estados-limite de utilização

No período de vida da estrutura, geralmente são considerados estados-limite de utilização. Eles são caracterizados por:

- danos ligeiros ou localizados, que comprometem o aspecto estético da construção ou a durabilidade da estrutura;
- deformações excessivas, que afetam a utilização normal da construção ou seu aspecto estético;
- vibrações de amplitude excessiva.

Os estados-limite de utilização decorrem de ações cujas combinações podem ter três diferentes ordens de grandeza de permanência na estrutura. São elas:

- combinações quase permanentes, que podem atuar durante grande parte do período de vida da estrutura, podendo chegar a metade desse período;
- combinações frequentes, que se repetem muitas vezes durante a vida da estrutura, da ordem de 100 mil vezes em cinquenta anos, ou que tenham duração total igual a uma parte não desprezível desse período, da ordem de 5%;
- combinações raras, que podem atuar no máximo algumas horas durante o período de vida da estrutura.

3.2.2 Ações

3.2.2.1 Classificação das ações

Para o estabelecimento das regras de combinação das ações, as ações são classificadas segundo sua variabilidade no tempo em três categorias: permanentes, variáveis e excepcionais.

Ações permanentes

Podem ser diretas e indiretas. As ações permanentes diretas são os pesos próprios dos elementos da construção – incluindo o peso da estrutura, de todos os elementos construtivos permanentes e dos equipamentos fixos – e os empuxos do peso próprio de terras não removíveis e de outras ações sobre elas aplicadas – em alguns casos, há empuxos hidrostáticos. Já as ações permanentes indiretas podem ser protensão, recalques de apoio e retração dos materiais.

Ações variáveis

São ações variáveis as cargas acidentais das construções e os efeitos, tais como forças de frenação, de impacto e centrífugas; efeitos do vento, das variações de temperatura e do atrito nos aparelhos de apoio e pressões hidrostáticas e hidrodinâmicas.

Em função de sua probabilidade de ocorrência durante a vida da construção, as ações variáveis são classificadas em normais e especiais. As ações variáveis normais têm probabilidade de ocorrência suficientemente alta para que sejam obrigatoriamente consideradas no projeto das estruturas de um dado tipo de construção. As ações variáveis especiais podem ser ações sísmicas, cargas acidentais de natureza ou ações de intensidade especiais e as combinações em que aparecem devem ser especificamente definidas.

Ações excepcionais

São as ações decorrentes de certas causas como explosões, choques de veículos, incêndios, enchentes ou sismos excepcionais.

3.2.2.2 Valores representativos das ações

As ações são quantificadas por seus valores representativos. Esses valores podem ser característicos, característicos nominais, reduzidos de combinação, convencionais excepcionais, reduzidos de utilização e raros de utilização.

Valores representativos para estados-limite últimos

- Valores característicos, F_k, das ações são definidos em função da variabilidade de suas intensidades, com certa probabilidade de serem ultrapassados em dado período (cinquenta anos, por exemplo); nas ações permanentes, com base em estruturas análogas, o valor característico corresponde ao quantil de 95% da distribuição correspondente, quando desfavoráveis, e de 5%, quando favoráveis.
- Valores característicos nominais são usados para ações que não tenham sua variabilidade adequadamente expressa por distribuições de probabilidade; os valores de F_k são convenientemente escolhidos ou normalizados.
- Valores reduzidos de combinação são obtidos a partir dos valores característicos por $\psi_0 F_k$ e empregados nas condições de segurança relativas a estados-limite últimos, quando existem ações variáveis de diferentes naturezas, levando-se em conta que é baixa a probabilidade de ocorrência simultânea.
- Valores convencionais excepcionais são arbitrados para as ações excepcionais em consenso entre o proprietário da construção e as autoridades governamentais.

Valores representativos para estados-limite de utilização

- Valores reduzidos de utilização são determinados a partir dos valores característicos por $\psi_1 F_k$ (valores frequentes), para ações que se repetem muitas vezes, e por $\psi_2 F_k$ (valores quase permanentes), para ações de longa duração.
- Valores raros de utilização podem levar a estados-limite de utilização, mesmo com duração muito curta.

3.2.2.3 Valores de cálculo das ações

Os valores de cálculo (*design*) F_d das ações são obtidos dos valores representativos multiplicados pelos respectivos coeficientes de ponderação $\gamma_f \geq 1$.

Coeficientes de ponderação para estados-limite últimos

Os coeficientes de ponderação das ações γ_f levam em conta a variabilidade delas, como os possíveis erros de avaliação, seja por problemas construtivos, seja por deficiência do método de cálculo. Tendo em vista os diversos tipos de ação, o índice do coeficiente pode ser modificado para identificar a ação considerada: γ_g para ações permanentes, γ_q para ações diretas variáveis, γ_p para protensão e γ_e para ações indiretas.

Coeficientes de ponderação para estados-limite de utilização

Adotados ao considerar estados-limite de utilização. Os coeficientes de ponderação das ações são tomados com valor $\gamma_f = 1$, salvo exigência em contrário.

3.2.3 Ações: tipos de carregamento e critérios de combinação

Um tipo de carregamento é especificado pelo conjunto de ações que têm probabilidade não desprezível de ocorrer simultaneamente na estrutura, durante o período preestabelecido. Em cada tipo de carregamento as ações devem ser combinadas de diferentes maneiras para obter os efeitos mais desfavoráveis. Devem ser estabelecidas tantas combinações quantas necessárias para que a segurança seja verificada em relação a todos os estados-limite da estrutura. Para os estados-limite últimos, são combinações últimas de ações; para os estados-limite de utilização, são as combinações de utilização.

3.2.3.1 Tipos de carregamento

Carregamento normal

É decorrente do uso previsto para a construção. Tem duração igual ao período de referência da estrutura na verificação de segurança de estados-limite últimos e de utilização.

Carregamento especial

Decorre de ações variáveis de natureza ou intensidade especial, superando os efeitos dos carregamentos normais. Tem duração muito pequena em relação ao período de referência da estrutura. Considera-se na verificação de segurança de estados-limite últimos.

Carregamento excepcional

É decorrente da atuação de ações excepcionais que podem provocar efeitos catastróficos, de duração extremamente curta. Considerados apenas na verificação de estados-limite últimos.

Carregamento de construção

São considerados apenas nas construções em que estados-limite últimos ocorrem durante a construção e são transitórios.

3.2.3.2 Critérios de combinação das ações

Critérios gerais

Todas as combinações que possam acarretar os feitos mais desfavoráveis nas seções críticas da estrutura devem ser sempre consideradas. As ações permanentes devem ser consideradas em sua posição mais desfavorável. A aplicação de ações variáveis móveis devem ser consideradas em sua posição mais desfavorável para a segurança. As ações incluídas em cada uma dessas combinações devem ser consideradas com seus valores representativos multiplicados pelos respectivos coeficientes de ponderação das ações.

Critérios para combinações últimas

As ações permanentes devem figurar em todas as combinações de ações. As ações variáveis devem estar nas combinações últimas normais; uma delas é considerada a principal a atuar com seu valor característico F_k e as demais são secundárias e atuam com seus valores reduzidos de combinação ψ_0 F_k. Já as ações variáveis precisam estar nas combinações últimas especiais, quando existirem, pois as ações variáveis excepcionais devem ser consideradas com seus valores representativos. Por fim, as ações variáveis devem figurar nas combinações últimas excepcionais, já que a ação excepcional deve ser considerada com seu valor representativo.

3.3 CONDIÇÕES ESPECÍFICAS

3.3.1 Condições de segurança

3.3.1.1 Condições usuais relativas aos estados-limite últimos

Quando a segurança é verificada isoladamente em relação a cada um dos esforços atuantes, as condições de segurança tomam esta forma simplificada:

$$R_d \geq S_d$$

Nesse caso, R_d apresenta os valores de cálculo dos esforços resistentes e S_d mostra os valores de cálculo dos correspondentes esforços atuantes, em geral, em razão do carregamento normal. Se for calculado em regime elástico linear, o coeficiente de ponderação γ_f poderá ser aplicado à ação característica e diretamente ao esforço característico:

$$S_d = \gamma_f \; S_k = \gamma_f \; S(F_k) = S(\gamma_f \; F_k)$$

Se o cálculo dos esforços for feito por processo não linear, o coeficiente de ponderação será aplicado obrigatoriamente sobre a ação característica:

$$S_d = S(\gamma_f \; F_k)$$

3.3.1.2 Condições usuais relativas aos estados-limite de utilização

Essas condições são dadas por desigualdades do tipo:

$$S_d \leq S_{\lim}$$

onde S_d é calculado com coeficientes de ponderação unitários.

3.3.2 Combinações das ações

Combinações últimas normais

$$F_d = \sum_{i=1}^{m} \gamma_{gi} F_{Gi,k} + \gamma_{q1} F_{Q1,k} + \sum_{j=2}^{n} \gamma_{qj} \psi_{0j} F_{Qj,k}$$

Combinações últimas especiais

$$F_d = \sum_{i=1}^{m} \gamma_{gi} F_{Gi,k} + \gamma_{q1} F_{Q1,k} + \sum_{j=2}^{n} \gamma_{qj} \psi_{0j,ef} F_{Qj,k}$$

Combinações últimas excepcionais

$$F_d = \sum_{i=1}^{m} \gamma_{gi} F_{Gi,k} + F_{Q,ex} + \sum_{j=1}^{n} \gamma_{qj} \psi_{0j,ef} F_{Qj,k}$$

Combinações em estados-limite de utilização (de serviço)

$$F_{d,util} = \sum_{i=1}^{m} F_{Gi,k} + \sum_{j=1}^{n} \psi_{2j} F_{Qj,k} \quad \text{quase permanentes}$$

$$F_{d,util} = \sum_{i=1}^{m} F_{Gi,k} + \psi_1 F_{Q1,k} + \sum_{j=2}^{n} \psi_{2j} F_{Qj,k} \quad \text{frequentes}$$

$$F_{d,util} = \sum_{i=1}^{m} F_{Gi,k} + F_{Q1,k} + \sum_{j=2}^{n} \psi_{1j} F_{Qj,k} \quad \text{raras}$$

3.3.3 Coeficientes de ponderação para combinações últimas

3.3.3.1 Ações permanentes

Tabela 3.1 Coeficientes de ponderação para ações permanentes.

Combinações	Ações permanentes γ_g					
	Diretas					
	Peso próprio de estruturas metálicas	Peso próprio de estruturas pré-moldadas	Peso próprio de estruturas moldadas no local e de elementos construtivos industrializados e empuxos permanentes	Peso próprio de elementos construtivos industrializados com adições *in loco*	Peso próprio de elementos construtivos em geral e equipamentos	Indiretas
Normais	1,25 (1,00)	1,30 (1,00)	1,35 (1,00)	1,40 (1,00)	1,50 (1,00)	1,20 (0)
Especiais ou de construção	1,15 (1,00)	1,20 (1,00)	1,25 (1,00)	1,30 (1,00)	1,40 (1,00)	1,20 (0)
Excepcionais	1,10 (1,00)	1,15 (1,00)	1,15 (1,00)	1,20 (1,00)	1,30 (1,00)	0 (1,00)

Nota: os valores entre parênteses devem ser adotados para ações permanentes favoráveis à segurança.

3.3.3.2 Ações variáveis

Tabela 3.2 Coeficientes de ponderação para ações variáveis.

Combinações	Ações variáveis γ_q			
	Efeitos de temperatura	Ação do vento	Ações truncadas	Demais ações variáveis e decorrentes do uso e da ocupação
Normais	1,20	1,40	1,20	1,50
Especiais ou de construção	1,00	1,20	1,10	1,30
Excepcionais	1,00	1,00	1,00	1,00

3.3.4 Fatores de combinação e fatores de redução referentes às combinações de utilização

Tabela 3.3 Valores dos fatores de combinação e dos fatores de utilização.

Ações em geral	ψ_0	ψ_1	ψ_2
Variações uniformes de temperatura em relação à média anual local.	0,6	0,5	0,3
Pressão dinâmica do vento nas estruturas em geral.	0,6	0,3	0
Cargas acidentais dos edifícios.	ψ_0	ψ_1	ψ_2
Locais em que não há predominância de pesos, de equipamentos que permanecem fixos por longos períodos nem de elevadas concentrações de pessoas.	0,5	0,4	0,3
Locais em que há predominância de pesos, de equipamentos que permanecem fixos por longos períodos de tempo e de elevadas concentrações de pessoas.	0,7	0,6	0,4
Bibliotecas, arquivos, oficinas e garagens.	0,8	0,7	0,6
Cargas móveis e seus efeitos dinâmicos.	ψ_0	ψ_1	ψ_2
Passarela de pedestre.	0,6	0,4	0,3
Estruturas de suporte de pontes rolantes.	0,7	0,6	0,4

3.4 RESISTÊNCIAS

3.4.1 Resistência dos materiais

Resistência é a aptidão dos materiais de suportar tensões. Ela é determinada, convencionalmente, pela máxima tensão que pode ser aplicada a corpos de prova do material considerado até o aparecimento de fenômenos que demonstrem restrição de emprego do material em elementos estruturais, como ruptura ou deformação excessiva.

3.4.2 Valores representativos

3.4.2.1 Resistência média

A resistência média, f_m, é a média aritmética das resistências f_i dos n elementos que compõem um dado lote de material. O desvio padrão é dado por:

$$\sigma = \sqrt{\frac{\sum (f_m - f_i)^2}{n}}$$

3.4.2.2 Resistência característica

Os valores característicos, f_k, das resistências são os que, em um dado lote, têm determinada probabilidade de serem ultrapassados, no sentido desfavorável para a segurança. Admite-se como o valor que tem apenas 5% de probabilidade de não ser atingido. Supondo-se uma distribuição de probabilidades normal (gaussiana):

$$f_k = f_m - 1,64\sigma = f_m(1 - 1,64\delta), \qquad \delta = \sigma / f_m \approx 0,18 \quad \therefore \quad f_k \approx 0,7 f_m$$

3.4.3 Valores de cálculo

3.4.3.1 Resistência de cálculo

A resistência de cálculo, f_d, é dada por:

$$f_d = \frac{f_k}{\gamma_m}$$

Nesse caso, o denominador é o coeficiente de ponderação das resistências, sendo:

$$\gamma_m = \gamma_1 \, \gamma_2 \, \gamma_3$$

onde o primeiro coeficiente do lado direito da equação leva em conta a variabilidade da resistência efetiva; o segundo considera as diferenças entre a resistência efetiva do material e aquela medida em corpos de prova; o terceiro refere-se a incertezas existentes na determinação das solicitações resistentes, seja em virtude dos métodos construtivos, seja em decorrência do método de cálculo empregado.

3.5 MÉTODOS PARA DIMENSIONAMENTO DE PERFIS FORMADOS A FRIO

Na norma brasileira da ABNT NBR 14762, de 2010, são previstos os métodos listados a seguir para determinação dos esforços resistentes de seções transversais de perfis formados a frio.

- Método da largura efetiva (MLE): a flambagem local é considerada por meio de propriedades geométricas efetivas (reduzidas) da seção transversal da barra, oriundas do cálculo das larguras efetivas dos elementos total ou parcialmente comprimidos. Adicionalmente, deve ser considerada a flambagem distorcional. Um estudo completo deste método é encontrado na obra de Silva, Pierin e Silva (2014).

- Método da seção efetiva (MSE): a flambagem local é considerada por meio de propriedades geométricas efetivas (reduzidas) da seção transversal das barras. Adicionalmente, deve ser considerada a flambagem distorcional. Este é o método adotado neste livro, e sua aplicação a cada tipo de solicitação está separada por capítulos, na sequência.
- Método da resistência direta (MRD): baseado nas propriedades geométricas da seção bruta e em análise geral de estabilidade elástica que permita identificar, para cada caso em análise, todos os modos de flambagem e seus respectivos esforços críticos.

4 CAPÍTULO

Nota sobre a estabilidade das estruturas

Considere-se uma configuração primária, não perturbada, de um sistema como sua posição sob um dado carregamento em um instante de tempo. Essa configuração primária, não perturbada, é dita estável se aplicada uma perturbação arbitrária, a distância entre essa configuração primária e a perturbada, permanece finita por todo tempo.

Em uma definição mais adequada para a engenharia de estruturas, uma configuração primária, não perturbada, de um sistema é estável se aplicada uma perturbação pequena, a configuração perturbada permanece perto da primária.

4.1 MODELOS CLÁSSICOS

4.1.1 Instabilidade por bifurcação do equilíbrio

Tome-se como exemplo a barra reta horizontal prismática da Figura 4.1. Ela é de material elástico linear de densidade desprezível, perfeitamente retilínea sob carregamento de compressão perfeitamente horizontal e centrado.

Para valores pequenos da carga, a configuração retilínea da barra é estável, isto é, se perturbada lateralmente, a viga volta à posição retilínea. Após atingido certo valor crítico de força, a configuração retilínea passa a ser instável, ou seja, sob uma pequena perturbação lateral a barra deixa essa posição e vai buscar outra configuração fletida próxima, que, neste caso de comportamento elástico linear, é estável. Esse fenômeno em que coexistem dois estados, um instável e outro estável, neste caso, é uma bifurcação de equilíbrio conhecida na mecânica como flambagem. O menor valor dessa carga crítica foi determinado por Euler no século XVII como:

$$P_{crit} = \frac{\pi^2 EI}{L^2}$$

em que E é o módulo de elasticidade do material; I refere-se ao menor momento de inércia da seção transversal; L indica o comprimento de flambagem da coluna, o próprio comprimento se biarticulada.

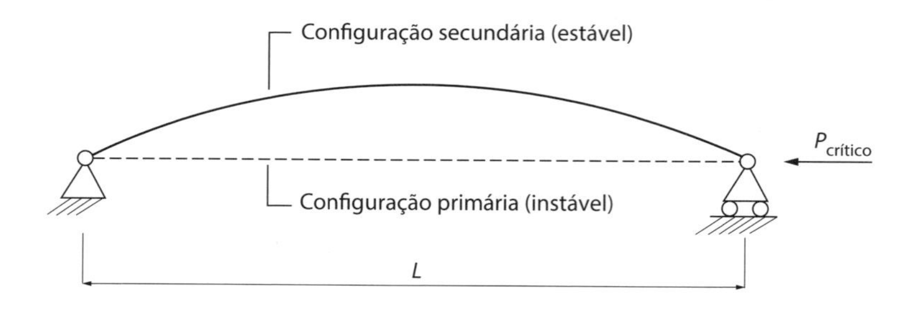

Figura 4.1

4.1.2 Instabilidade por ponto-limite

Tome-se como exemplo a treliça simétrica da Figura 4.2. Ela é constituída de duas barras iguais prismáticas, retas, de material elástico linear, articuladas entre si e ligadas a dois apoios articulados fixos, formando um ângulo inicial α, pequeno, com a horizontal.

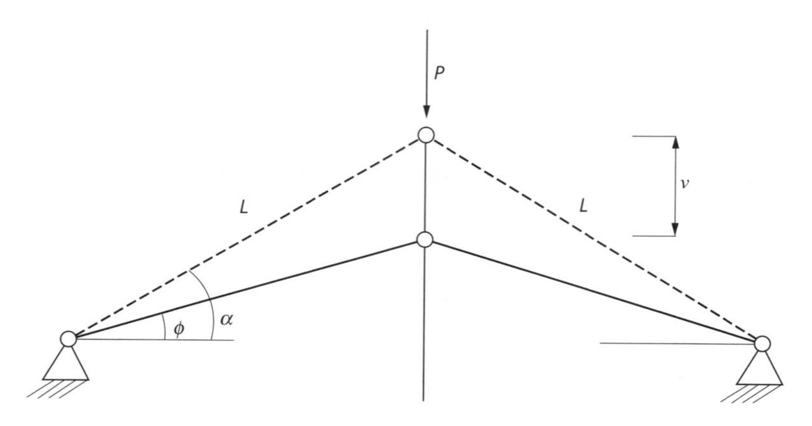

Figura 4.2

O carregamento é uma força vertical de cima para baixo aplicada à articulação. Para qualquer valor dessa força, o equilíbrio só pode ser escrito na posição deslocada v dada por um ângulo ϕ das barras com a horizontal, menor que α:

$$P = 2N\text{sen}\phi$$

em que N é força normal (axial) nas barras, dada por:

$$N = \frac{EA}{L}\Delta L$$

em que A é a área da seção transversal da barra e L indica seu comprimento inicial e:

$$\Delta L = \frac{L}{\cos\phi}\left(1 - \frac{\cos\alpha}{\cos\phi}\right)$$

mostra a mudança desse comprimento.

Fica claro que nesse modelo não há bifurcação de equilíbrio, admitindo-se que as barras não flambam, uma vez que, à medida que a força cresce, o ângulo das barras com a horizontal diminui continuamente para que haja equilíbrio. Entretanto, a rigidez k do sistema, a relação entre a força e o deslocamento vertical da articulação, $P = k\ v$, vai diminuindo também, chegando a zero, um ponto-limite. Nenhum aumento da força é possível acima desse valor. Esse ponto-limite é uma instabilidade, pois a configuração não se mantém se uma pequena perturbação for aplicada. Diferentemente da bifurcação de equilíbrio, não há configuração alternativa próxima.

4.2 EFEITO DE IMPERFEIÇÕES

As estruturas reais da engenharia não são perfeitas.

No caso do modelo da Figura 4.1, a barra pode ser não perfeitamente retilínea, e a força de compressão pode ser não perfeitamente centrada. Assim, à medida que a força cresce, a barra desloca-se lateralmente desde o início em decorrência do pequeno momento fletor que aparece, não se caracterizando a posição retilínea como uma configuração possível de equilíbrio. Existe apenas a configuração fletida que vai crescendo em amplitude até a ruína final da estrutura. Não há uma bifurcação de equilíbrio. Desse modo, a chamada flambagem não existe na prática da engenharia, e as normas, como a norma brasileira para estruturas de aço constituídas de perfis formados a frio, não consideram sua existência, embora por vício de linguagem da profissão use-se a palavra em seu texto.

Já no modelo de treliça de duas barras da Figura 4.2, a presença de imperfeições em nada altera o comportamento, pois desde o início do carregamento não havia uma configuração primária de equilíbrio estável.

4.3 INSTABILIDADE EM ESTRUTURAS DE AÇO CONSTITUÍDAS DE PERFIS FORMADOS A FRIO

As estruturas de aço constituídas de perfis formados a frio são, em virtude da pouca espessura das chapas utilizadas, sujeitas a vários tipos de instabilidade em razão da presença de tensões de compressão. São classificadas em instabilidades globais, locais e distorcionais.

4.3.1 Instabilidades globais

As instabilidades globais são aquelas associadas a movimentos do eixo das barras como um todo.

As barras comprimidas estão sujeitas a instabilidade por flexão (análoga à descrita no item 4.1.1), em que o eixo da barra se afasta da posição retilínea por flexão, sem que ocorra rotação das seções. Também estão sujeitas a instabilidade por torção, em que o eixo da barra permanece na posição retilínea enquanto ocorre rotação das seções em torno desse eixo. Outro tipo de instabilidade das barras comprimidas é por flexotorção, em que o eixo da barra afasta-se da posição retilínea por flexão, ao mesmo tempo que ocorre rotação das seções.

As barras fletidas, por sua vez, estão sujeitas a instabilidade lateral com torção. À medida que o carregamento cresce, o eixo da barra afasta-se da posição retilínea por flexão, permanecendo dentro de um plano, como previsto na resistência dos materiais. A possível instabilidade manifesta-se quando a carga atinge um valor em que as seções passam a rodar em torno do eixo e esse afasta-se do plano inicial de flexão.

4.3.2 Instabilidades locais

Como as chapas que constituem os perfis formados a frio são muito finas, as tensões de compressão nelas atuantes em decorrência de cargas axiais de compressão ou flexão podem fazê-las abandonar seu plano inicial, caracterizando a chamada instabilidade local.

Em peças muito esbeltas (comprimento grande em relação aos raios de giração da seção transversal), a tensão em que ocorre a instabilidade global é pequena, em geral menor que a que levaria à instabilidade local das chapas. Em peças curtas, pelo contrário, as tensões de compressão em que ocorreria a instabilidade global seriam muito altas, podendo ocorrer antes a perda de estabilidade local das chapas constituintes do perfil formado a frio.

4.3.3 Instabilidades distorcionais

Em uma faixa de esbeltez intermediária das barras, não excessivamente esbelta nem curta, pode ocorrer a instabilidade por distorção. Ela se dá em perfis com seções enrijecidas, travados contra deslocamentos laterais ou de torção. Nesse tipo de instabilidade, a seção perde sua forma inicial, ou seja, há mudança do ângulo originalmente reto entre seus componentes (alma e mesa, por exemplo), conforme ilustrado na Figura 4.3.

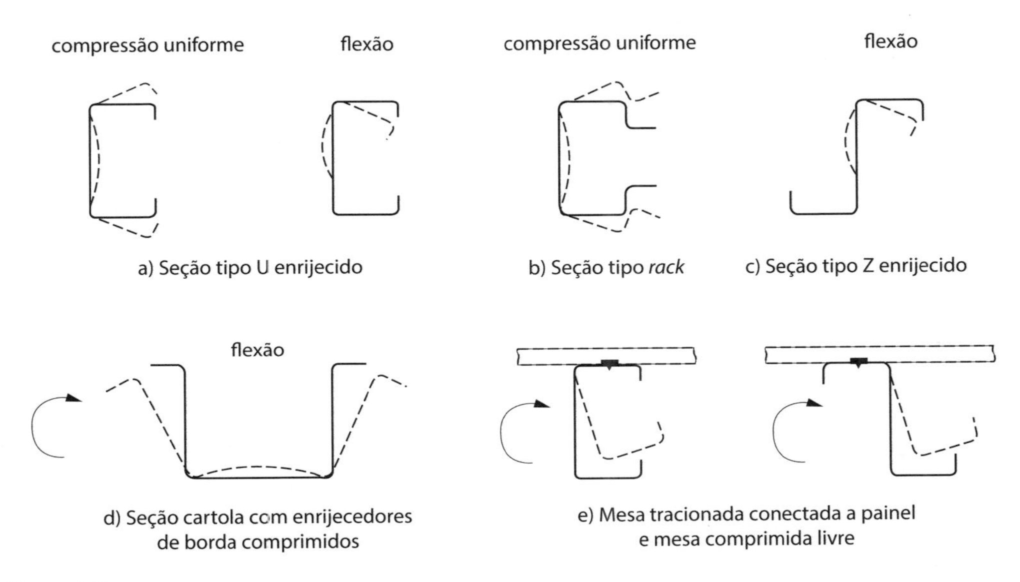

Figura 4.3

Fonte: Adaptada da ABNT NBR 14762:2012.

A capacidade resistente de perfis de aço formados a frio pode ser melhorada com a utilização de enrijecedores de borda (dobras nas extremidades das chapas dobradas). No entanto, isso altera as propriedades de estabilidade. Perfis sem enrijecedores de borda só podem sofrer instabilidades globais e locais; os outros também podem ter a possibilidade de instabilidades por distorção.

5

CAPÍTULO

Peças tracionadas

Este capítulo trata de barras submetidas à força axial de tração. Para tanto, na verificação do dimensionamento deve ser atendida a seguinte condição:

$$N_{t,Sd} \leq N_{t,Rd}$$

em que $N_{t,Sd}$ é a força axial de tração solicitante de cálculo e $N_{t,Rd}$ é a força axial de tração resistente de cálculo.

Devem ser ainda observadas as considerações relacionadas aos limites de esbeltez para barras tracionadas:

$$\lambda = \frac{L}{r} \leq 300$$

em que r é o raio de giração da seção e L indica o comprimento da barra.

5.1 FORÇA AXIAL DE TRAÇÃO RESISTENTE DE CÁLCULO

A força axial de tração resistente de cálculo é o menor dos valores obtidos ao considerar-se os estados-limite últimos de escoamento da seção bruta, de ruptura da seção líquida fora da região de ligação e de ruptura da seção líquida na região da ligação.

- Escoamento da seção bruta:

$$N_{t,Rd} = Af_y / \gamma \qquad (\gamma = 1,10)$$

- Ruptura na seção líquida fora da região da ligação:

$$N_{t,Rd} = A_{n0}f_u / \gamma \qquad (\gamma = 1,35)$$

- Ruptura da seção líquida na região da ligação:

$$N_{t,Rd} = C_t A_n f_u / \gamma \qquad (\gamma = 1,65)$$

Nesses casos, A é a área bruta da seção transversal da barra; A_{n0} indica a área líquida da seção transversal da barra, fora da região da ligação (decorrente de furos ou recortes que não estejam associados à ligação da barra); A_n é a área líquida da seção transversal da barra na região da ligação.

Para chapas com ligação em zigue-zague, devem ser analisadas as prováveis linhas de ruptura, sendo a seção crítica aquela correspondente ao menor valor de área líquida, a qual deve ser calculada por:

$$A_n = 0,9\left(A - n_f d_f t + \sum ts^2 / 4g\right)$$

sendo que d_f é a dimensão do furo na direção perpendicular à solicitação, conforme Figura 5.1; n_f indica a quantidade de furos contidos na linha de ruptura analisada; s refere-se ao espaçamento dos furos na direção da solicitação; g é o espaçamento dos furos na direção perpendicular à solicitação; t indica a espessura da parte conectada analisada; Ct é o coeficiente de redução da área líquida, dado pelas Tabelas 5.1, 5.2, 5.3 e 5.4, a seguir.

Tabela 5.1 Chapas com ligações parafusadas.

Um parafuso ou todos os parafusos da ligação contidos em uma única seção transversal	$C_t = 2,5(d/g) \leq 1,0$
Dois parafusos na direção da solicitação, alinhados ou em zigue-zague	$C_t = 0,5 + 1,25(d/g) \leq 1,0$
Três parafusos na direção da solicitação, alinhados ou em zigue-zague	$C_t = 0,67 + 0,83(d/g) \leq 1,0$
Quatro ou mais parafusos na direção da solicitação, alinhados ou em zigue-zague	$C_t = 0,75 + 0,625(d/g) \leq 1,0$

Tabela 5.2 Chapas com ligações soldadas.

Soldas longitudinais associadas a soldas transversais	$C_t = 1{,}0$
Somente soldas longitudinais ao longo de ambas as bordas	para $b \leq L < 1{,}5b$: $C_t = 0{,}75$
	para $1{,}5b \leq L < 2b$: $C_t = 0{,}87$
	para $L \geq 2b$: $C_t = 1{,}0$

Tabela 5.3 Perfis com ligações soldadas.

Todos os elementos conectados	$C_t = 1{,}0$
Cantoneiras com soldas longitudinais (Figura 5.2)	$C_t = 1 - 1{,}2(x/L) < 0{,}9$ (porém, não inferior a 0,4)
Perfis U com soldas longitudinais (Figura 5.2)	$C_t = 1 - 0{,}36(x/L) < 0{,}9$ (porém, não inferior a 0,5)

Tabela 5.4 Perfis com ligações parafusadas.

Todos os elementos conectados	$C_t = 1{,}0$
Cantoneiras e perfis U com 2 ou mais parafusos na direção da solicitação	$C_t = 1 - 1{,}2(x/L) < 0{,}9$ (porém, não inferior a 0,4)
Todos os parafusos contidos em uma única seção transversal	$C_t = 2{,}5(d/g) = 1{,}0$

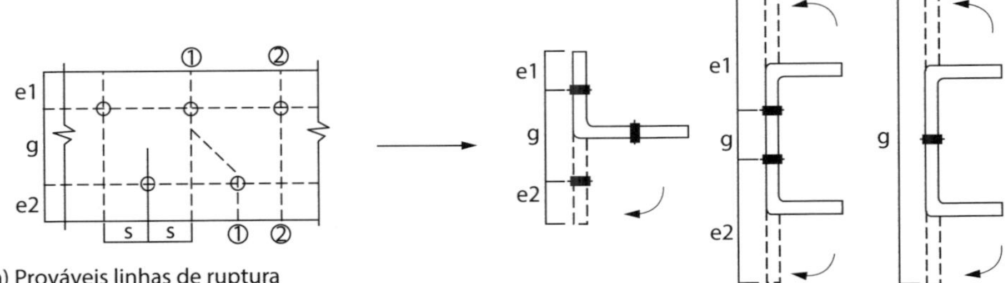

a) Prováveis linhas de ruptura

1-1 linha de ruptura com segmento inclinado

2-2 linha de ruptura perpendicular à solicitação

b) Perfis tratados como chapa

(todos os parafusos contidos em uma única chapa)

Figura 5.1

(Adaptada da ABNT NBR 14762:2010).

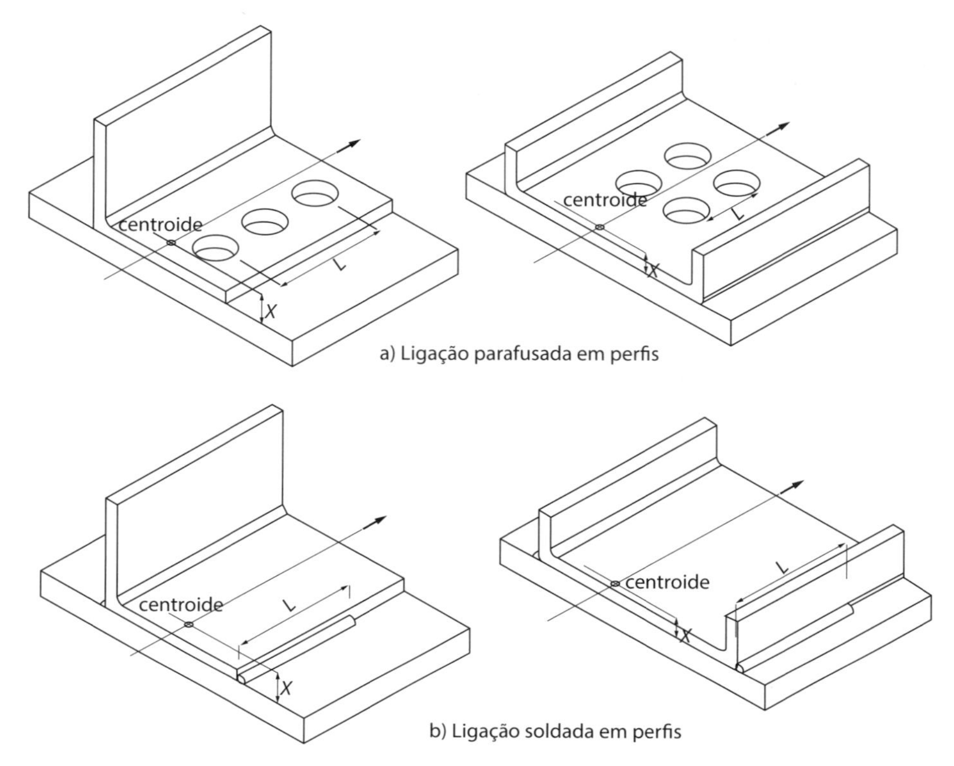

Figura 5.2

(Adaptada da ABNT NBR 14762:2010).

5.2 PROGRAMA COMPUTACIONAL E EXEMPLO

Lista-se, a seguir, um programa computacional em linguagem MATLAB® para determinação da força axial de tração resistente de cálculo, segundo a ABNT NBR 14762, de 2010.

Os valores da seção transversal incorporados ao programa referem-se a um exemplo particular. O leitor deve testar outros casos. As linhas iniciadas com o símbolo "%" são comentários ou linhas desativadas neste exemplo, que podem ser ativadas para outros casos.

Calculo da força normal resistente à tração de um tirante L 100 × 40 × 2,0 de 3,5m de comprimento, com ligação feita por meio de 4 parafusos com diâmetro de 12,5mm na alma, em zigue-zague (Figura 5.1), *s* = 3 cm, *g* = 4 cm.

```
% Perfis Leves – Moliterno-Brasil
% Força normal de tração resistente
% tra_MB.m // 05/01/2015
%
clear all
```

```
% unidades kN, cm
%
% material
%
fy=25;fu=40;E=20000;G=7692.31;nu=0.3;
%
% dados geométricos da seção
%
A=3.468;t=0.2;ry=1.23;
An0=A; % área líquida fora da região da ligação
rmin=ry; % seção monossimétrica em relação a x
%
NtRd(1)=A*fy/1.1; % escoamento da seção bruta
NtRd(2)=An0*fu/1.35; % ruptura fora da região de ligação
%
% dados dos furos
%
nf=2;df=1.25+0.15;s=3;g=4;
%L=; % comprimento da ligação parafusada ou da solda
%x=; excentricidade da ligação
%
An=0.9*(A-nf*df*t+t*s^2/4/g);% área líquida
%
% coeficiente de redução da área líquida
% 1)
% chapas com ligações parafusadas
% 1 parafuso ou todos parafusos contidos em uma única seção transversal
% Ct=2.5*(d/g);
% if Ct>1
%   Ct=1.0;
% end
% dois parafusos direção da solicitação alinhados ou em zigue-zague
% Ct=0.5+1.25*(d/g);
% if Ct>1
%   Ct=1.0;
```

```
% end
% 3 parafusos direção da solicitação alinhados ou em zigue-zague
% Ct=0.67+0.83*(d/g);
% if Ct>1
%   Ct=1.0;
% end
% 4 ou mais parafusos direção da solicitação alinhados ou em zigue-zague
% Ct=0.75+0.625*(d/g);
% if Ct>1
%   Ct=1.0;
% end
% 2)
% chapas com ligações soldadas
% soldas longitudinais associadas a soldas transversais
% Ct=1.0;
% somente soldas longitudinais ao longo de ambas as bordas
% if (b<=L<1.5*b)
%   Ct=0.75;
% end
% if (1.5*b<=L<2*b)
%   Ct=0.87;
% end
% if L>=b
%   Ct=1.0;
% end
% 3)
% perfis com ligações parafusadas
% todos elementos conectados a 2 ou mais parafusos na direção da solicit.
% Ct=1.0;
% todos parafusos em 1 única seção (chapa equivalente)
% Ct=2.5*(d/g);
% if Ct>1
%   Ct=1.0;
% end
% L e U a 2 ou mais parafusos na direção da solicit., nem todos elementos
```

```
% conectados
% Ct=1.0-1.2*(x/L);
% if Ct>0.9
%   Ct=0.9;
% end
% 4)
% perfis com ligações soldadas
% apenas soldas transversais ou todos os elementos conectados por soldas
% longitudinais ou combinação de soldas longitudinais e transversais
% Ct=1.0;
% L com soldas longitudinais
% Ct=1.0-1.2*(x/L);
% if Ct>0.9
%    Ct=0.9;
% end
% U com soldas longitudinais
% Ct=1.0-0.36*(x/L);
% if Ct>0.9
%    Ct=0.9;
% end
NtRd(3)=Ct*An*fu/1.65;
%
NRd=min(NtRd)
```

CAPÍTULO 6

Peças comprimidas

Este capítulo trata de barras submetidas à força axial de compressão. Para tanto, na verificação do dimensionamento deve ser atendida a seguinte condição:

$$N_{c,Sd} \leq N_{c,Rd}$$

em que $N_{c,\,Sd}$ é a força axial de compressão solicitante de cálculo e $N_{c,\,Rd}$ indica a força axial de compressão resistente de cálculo, tomada como o menor valor calculado nos itens 6.2 e 6.3, a seguir. Devem ser ainda observadas as considerações estabelecidas em 6.4 e 6.5, relacionadas aos limites de esbeltez e barras compostas.

6.1 FLAMBAGEM GLOBAL POR FLEXÃO, POR TORÇÃO OU POR FLEXOTORÇÃO

Este item aborda a determinação da força axial de flambagem global elástica.

6.1.1 Perfis com dupla simetria ou simétricos em relação a um ponto

A força axial de flambagem global elástica, N_e, é o menor valor dentre os obtidos pelas três equações a seguir.

- Força axial de flambagem global elástica por flexão em relação ao eixo principal x:

$$N_{ex} = \frac{\pi^2 EI_x}{(K_x L_x)^2}$$

- Força axial de flambagem global elástica por flexão em relação ao eixo principal y:

$$N_{ey} = \frac{\pi^2 EI_y}{(K_y L_y)^2}$$

- Força axial de flambagem global elástica por torção:

$$N_{ez} = \frac{1}{r_0^2}\left[\frac{\pi^2 EC_w}{(K_z L_z)^2} + GJ\right]$$

onde C_w é a constante de empenamento da seção; E indica o módulo de elasticidade; G refere-se ao módulo de elasticidade transversal; J é a constante de torção da seção; $K_x L_x$ refere-se ao comprimento efetivo de flambagem global por flexão em relação ao eixo x; $K_y L_y$ indica o comprimento efetivo de flambagem global por flexão em relação ao eixo y; $K_z L_z$ é o comprimento efetivo de flambagem global por torção.

Quando não houver garantia de impedimento ao empenamento, deve-se tomar K_z igual a 1.

$$r_0 = \sqrt{r_x^2 + r_y^2 + x_0^2 + y_0^2}$$

em que r_x e r_y são os raios de giração da seção bruta em relação aos eixos principais de inércia x e y, respectivamente; x_0 e y_0 são as distâncias do centro de torção ao centroide, na direção dos eixos principais x e y, respectivamente.

6.1.2 Perfis monossimétricos

A força axial de flambagem global elástica, N_e, de um perfil com seção monossimétrica, cujo eixo x é o eixo de simetria, é o menor valor dentre os obtidos pelas duas equações a seguir.

- Força axial de flambagem global elástica por flexão em relação ao eixo y:

$$N_{ey} = \frac{\pi^2 EI_y}{(K_y L_y)^2}$$

- Força axial de flambagem global elástica por torção:

$$N_{exz} = \frac{N_{ex} + N_{ez}}{2\left[1 - (x_0 / r_0)^2\right]}\left[1 - \sqrt{1 - \frac{4 N_{ex} N_{ez}\left[1 - (x_0 / r_0)^2\right]}{(N_{ex} + N_{ez})^2}}\right]$$

em que, os elementos da fórmula foram definidos anteriormente.

É claro que, se o eixo y é o eixo de simetria, os símbolos x e y devem ser intercambiados onde aparecem.

6.1.3 Perfis assimétricos

A força axial de flambagem global elástica, N_e, de um perfil com seção assimétrica é dada pela menor das raízes da equação cúbica:

$$r_0^2(N_e - N_{ex})(N_e - N_{ey})(N_e - N_{ez}) - N_e^2(N_e - N_{ey})x_0^2 - N_e^2(N_e - N_{ex})y_0^2 = 0$$

em que todos os elementos da equação já foram definidos anteriormente.

6.1.4 Força axial de compressão resistente de cálculo

A força axial de compressão resistente de cálculo, $N_{c,Rd}$, deve ser calculada por:

$$N_{c,Rd} = \chi A_{ef} f_y / \gamma \qquad (\gamma = 1,20)$$

em que χ é o fator de redução da força axial de compressão resistente, associado à flambagem global, respeitando os seguintes dados:

$$-\text{ para } \lambda_0 \le 1,5 : \chi = 0,658^{\lambda_0^2}$$

$$-\text{ para } \lambda_0 > 1,5 : \chi = \frac{0,877}{\lambda_0^2}$$

Aqui, $\lambda_0 = \sqrt{\frac{Af_y}{N_e}}$ é o índice de esbeltez reduzido, associado à flambagem global; N_e indica a força axial de flambagem global elástica, conforme as possíveis simetrias da seção (itens 6.1.1, 6.1.2 e 6.1.3); A é a área bruta da seção transversal da barra; A_{ef} refere-se à área efetiva da seção transversal da barra, calculada como se segue.

$$A_{ef} = A \qquad \text{para} \quad \lambda_p \le 0,776$$

$$A_{ef} = A\left(1 - \frac{0,15}{\lambda_p^{\ 0,8}}\right)\frac{1}{\lambda_p^{\ 0,8}} \quad \text{para} \quad \lambda_p > 0,766$$

$$\lambda_p = \sqrt{\frac{\chi A f_y}{N_t}}$$

onde N_t é a força axial de flambagem elástica, calculada pela equação:

$$N_t = k_\ell \frac{\pi^2 E}{12(1-\nu^2)(b_w / t)^2} A$$

Os valores do coeficiente de flambagem local para a seção completa, k_ℓ, podem ser calculados pelas equações a seguir, onde $\eta = b_f / b_w$.

- Seção tipo U e Z simples:

$$k_\ell = 4 + 3,4\eta + 21,8\eta^2 - 174,3\eta^3 + 319,9\eta^4 - 237,6\eta^5 + 63,6\eta^6$$

- Seção tipo U e Z enrijecidos e cartola:

$$k_\ell = 6,8 - 5,8\eta + 9,2\eta^2 - 6,0\eta^3$$

- Seção tipo *rack*:

$$k_\ell = 6,5 - 3,0\eta + 2,8\eta^2 - 1,6\eta^3$$

- Seção tubular retangular com solda contínua:

$$k_\ell = 6,6 - 5,8\eta + 8,6\eta^2 - 5,4\eta^3$$

6.2 FLAMBAGEM DISTORCIONAL

Para as barras com seção transversal aberta sujeita à flambagem distorcional, a força axial de compressão resistente de cálculo deve ser calculada por:

$$N_{c,Rd} = \chi_{dist} A f_y / \gamma \qquad (\gamma = 1,20)$$

Nesse caso, o fator de redução da força axial de compressão resistente, associado à flambagem distorcional, é calculado por:

$$\chi_{dist} = 1 \qquad \text{para} \quad \lambda_{dist} \leq 0,561$$

$$\chi_{dist} = \left(1 - \frac{0,25}{\lambda_{dist}^{1,2}}\right) \frac{1}{\lambda_{dist}^{1,2}} \qquad \text{para} \quad \lambda_{dist} > 0,561$$

onde A indica a área bruta da seção transversal da barra; $\lambda_{dist} = \sqrt{\frac{A f_y}{N_{distr}}}$ é o índice de esbeltez reduzido, associado à flambagem distorcional; N_{distr} refere-se à força axial de flambagem distorcional elástica, a qual deve ser calculada com base na análise de estabilidade elástica.

Para as barras com seção tipo U enrijecido e seção tipo Z enrijecido, se a relação D/b_w for igual ou superior aos valores indicados na Tabela 6.1, a verificação da flambagem distorcional pode ser dispensada.

Tabela 6.1 Valores mínimos da relação D/b_w de barras com seção tipo U enrijecido e seção tipo Z enrijecido, submetidas à compressão centrada, para dispensar a verificação da flambagem distorcional.

b_f/b_w	b_w/t				
	250	200	125	100	50
0,4	0,02	0,03	0,04	0,04	0,08
0,6	0,03	0,04	0,06	0,06	0,15
0,8	0,05	0,06	0,08	0,1	0,22
1	0,06	0,07	0,1	0,12	0,27
1,2	0,06	0,07	0,12	0,15	0,27
1,4	0,06	0,08	0,12	0,15	0,27
1,6	0,07	0,08	0,12	0,15	0,27
1,8	0,07	0,08	0,12	0,15	0,27
2	0,07	0,08	0,12	0,15	0,27

Partindo dessa tabela, pode-se determinar que os perfis constantes da Tabela 6.2 estão dispensados dessa verificação.

Tabela 6.2 Perfis dispensados da verificação da distorção para o cálculo da força axial resistente.

Perfil	b_f/b_w	b_w/t	D/b_w	$D/b_{w\,min}$
Ue 75x40x15x1.5	0.53	50.00	0.20	0.13
Ue 100x40x17x1.2	0.40	83.33	0.17	0.05
Ue 100x40x17x1.5	0.40	66.67	0.17	0.07
Ue 100x40x17x2	0.40	50.00	0.17	0.08
Ue 100x50x17x1.2	0.50	83.33	0.17	0.07
Ue 100x50x17x1.5	0.50	66.67	0.17	0.09
Ue 100x50x17x2	0.50	50.00	0.17	0.12
Ue 125x50x17x2	0.40	62.50	0.14	0.07
Ue 125x50x17x2.25	0.40	55.56	0.14	0.08
Ue 150x60x20x2	0.40	75.00	0.13	0.06
Ue 150x60x20x2.25	0.40	66.67	0.13	0.07
Ue 150x60x20x2.65	0.40	56.60	0.13	0.07
Ue 150x60x20x3	0.40	50.00	0.13	0.08
Ue 200x100x25x2.65	0.50	75.47	0.13	0.08

(continua)

(continuação)

Perfil	b_f/b_w	b_w/t	D/b_w	$D/b_{w\,min}$
Ue 200x100x25x3	0.50	66.67	0.13	0.09
Ue 200x100x25x3.35	0.50	59.70	0.13	0.10
Ue 200x100x25x3.75	0.50	53.33	0.13	0.11
Ue 250x100x25x2.65	0.40	94.34	0.10	0.04
Ue 250x100x25x3	0.40	83.33	0.10	0.05
Ue 250x100x25x3.35	0.40	74.63	0.10	0.06
Ue 250x100x25x3.75	0.40	66.67	0.10	0.07
Ue 250x100x25x4.25	0.40	58.82	0.10	0.07
Ue 250x100x25x4.75	0.40	52.63	0.10	0.08
Z_{90} 75x40x15x1.2	0.53	62.50	0.20	0.11
Z_{90} 75x40x15x1.5	0.53	50.00	0.20	0.13
Z_{90} 100x50x17x1.2	0.50	83.33	0.17	0.07
Z_{90} 100x50x17x1.5	0.50	66.67	0.17	0.09
Z_{90} 100x50x17x2	0.50	50.00	0.17	0.12
Z_{90} 125x50x17x2	0.40	62.50	0.14	0.07
Z_{90} 125x50x17x2.25	0.40	55.56	0.14	0.08
Z_{90} 150x60x20x2	0.40	75.00	0.13	0.06
Z_{90} 150x60x20x2.25	0.40	66.67	0.13	0.07
Z_{90} 150x60x20x2.65	0.40	56.60	0.13	0.07
Z_{90} 150x60x20x3	0.40	50.00	0.13	0.08

Os valores dos esforços críticos para todos os perfis constantes da ABNT NBR 6355, de 2012, foram determinados numericamente por Pierin, Silva e La Rovere (2013), com base na tese de doutorado de Pierin (2011), realizada sob orientação do professor Valdir Pignata e Silva. Esses dados são apresentados no Anexo B.

6.3 LIMITAÇÃO DE ESBELTEZ

O índice de esbeltez KL/r das barras comprimidas não deve exceder 200.

6.4 BARRAS COMPOSTAS COMPRIMIDAS

Para barras compostas comprimidas, aquelas constituídas de um ou mais perfis associados, o índice de esbeltez de cada perfil componente deve ser inferior à metade do índice de esbeltez máximo do conjunto, para o caso de presilhas (chapas separadoras), e inferior ao índice de esbeltez máximo do conjunto, para o caso de travejamento em treliça. Nesse caso, o índice de esbeltez das barras do travejamento deve ser inferior a 140.

6.5 PROGRAMA COMPUTACIONAL E EXEMPLO

Lista-se, a seguir, um programa computacional em linguagem MATLAB® para determinação da força axial de compressão resistente de cálculo, segundo a ABNT NBR 14762, de 2010.

Os valores da seção transversal incorporados ao programa referem-se a um exemplo particular. O leitor deve testar outros casos. As linhas iniciadas com o símbolo "%" são comentários ou linhas desativadas neste exemplo, que podem ser ativadas para outros casos.

Cálculo da força resistente à compressão de um pilar de seção Ue 100 × 50 × 17 × 1,2 e comprimento de 4 m, sem travamento intermediário.

```
% Perfis Leves – Moliterno-Brasil
% Força normal de compressão resistente
% compr_MB.m // 05/01/2015
%
clear all
% unidades kN, cm
%
% material
%
fy=25;fu=40;E=20000;G=7700;nu=0.3;
%
% dados geométricos da seção
%
A=2.71;Ix=44.15;Wx=8.83;Iy=10.12;Wy=3.15;
rx=4.03;ry=1.93;It=0.013;Iw=246.61;r0=6.19;x0=4.28;
ri=0.12;t=0.12;
bw=10;bf=5;eta=bf/bw;
%
% dados geométricos da barra comprimida
%
kx=1.0;ky=1.0;kz=1.0;
```

```
Lx=400.0;Ly=400.0;Lz=400.0;
%
% cálculo de Ne
%
Nex=pi^2*E*Ix/(kx*Lx)^2;
Ney=pi^2*E*Iy/(ky*Ly)^2;
%
% perfil c/ dupla simetria ou ponto simétrico
%
Nez=1/r0^2*(pi^2*E*Iw/(kz*Lz)^2+G*It);
% decisao=[Nex Ney Nez];
% Ne=min(decisao);
%
% perfil monossimétrico c/ relação a x
%
Nexz=(Nex+Nez)/(2*(1-(x0/r0)^2))*...
  (1-sqrt(1-4*Nex*Nez*(1-(x0/r0)^2)/(Nex+Nez)^2));
decisao=[Ney Nexz];
Ne=min(decisao);
%
% perfil assimétrico, a complementar
%
%
lamb0=sqrt(A*fy/Ne);l2=lamb0^2;
if (lamb0>1.5)
  qui=0.877/l2;
else
  qui=0.658^(l2);
end
%
%coeficientes de flambagem local compressão centrada
%
%seção U e Z simples
kl=4.0+3.4*eta+21.8*eta^2-174.3*eta^3+319.9*eta^4-237.6*eta^
5+63.6*eta^6;
%seção U e Z enrijecidos e cartola
```

```
%kl=6.8-5.8*eta+9.2*eta^2-6.0*eta^3;
%seção rack
%kl=6.5-3.0*eta+2.8*eta^2-1.6*eta^3;
%seção tubular retangular c/ solda contínua
%kl=6.6-5.8*eta+8.6*eta^2-4.4*eta^3;
%
Nl=kl*(pi^2)*E*A/(12*(1-nu^2)*(bw/t)^2);
lamp=sqrt(qui*A*fy/Nl);
if (lamp>0.766)
  Aef=A*(1-0.15/lamp^0.8)/lamp^0.8;
else
  Aef=A;
end
%
NcRd(1)=qui*Aef*fy/1.2
%
% consideração da flambagem distorcional
%
% Ndist= ; %tirada da tabela de PIERIN
%
%lamd=sqrt(A*fy/Ndist);
%
%if (lamd>0.561)
%    quid=(1-0.25/lamd^(1.2))/lamd^(1.2);
%else
%    quid=1.0;
%end
%
%NcRd(2)=quid*A*fy/1.2;
%
%NRd=min(NcRd)
%
```

CAPÍTULO 7

Peças sob flexão simples

Este capítulo trata de barras prismáticas submetidas a momento fletor e força cortante. Para tanto, na verificação do dimensionamento, devem ser atendidas as seguintes condições:

$$M_{Sd} \leq M_{Rd}$$

$$V_{Sd} \leq V_{Rd}$$

em que M_{Sd} é o momento fletor solicitante de cálculo; M_{Rd} indica o momento fletor resistente de cálculo, o menor entre os obtidos nos itens 7.1 e 7.2 a seguir; V_{Sd} é a força cortante solicitante de cálculo; V_{Rd} refere-se à força cortante resistente de cálculo.

Devem ser observadas as considerações estabelecidas em 7.4 e 7.5, relacionadas aos limites de esbeltez e barras compostas, e verificados todos os estados-limite de serviço aplicáveis.

7.1 INÍCIO DE ESCOAMENTO DA SEÇÃO EFETIVA

Usa-se a equação:

$$M_{Rd} = W_{ef} f_y / \gamma \qquad (\gamma = 1,10)$$

em que W_{ef} é o módulo de resistência elástico da seção efetiva em relação à fibra que atinge o escoamento:

$$W_{ef} = W \quad \text{para} \quad \lambda_p \leq 0,673$$

$$W_{ef} = W\left(1 - \frac{0,22}{\lambda_p}\right)\frac{1}{\lambda_p} \quad \text{para} \quad \lambda_p > 0,673$$

$$\lambda_p = \sqrt{\frac{Wf_y}{M_\ell}}$$

O momento fletor de flambagem local elástica é:

$$M_\ell = k_\ell \frac{\pi^2 E}{12(1-\nu^2)(b_w / t)^2} W_c$$

em que W é o módulo de resistência elástico da seção bruta em relação à fibra extrema que atinge o escoamento; W_c é o módulo de resistência elástico da seção bruta em relação à fibra extrema comprimida.

Os valores do coeficiente de flambagem local para a seção completa podem ser calculados pelas equações a seguir. Nelas, $\eta = b_f / b_w$ e $\mu = D / b_w$, sendo D a dimensão do enrijecedor.

- Seção tipo U e Z simples:

$$k_\ell = \eta^{-1,843}$$

- Seção tipo U e Z enrijecidos:

$$k_\ell = a - b(\mu - 0,2)$$

$$a = 81 - 730\eta + 4261\eta^2 - 12304\eta^3 + 17919\eta^4 - 12796\eta^5 + 3574\eta^6$$

$$b = 0, \text{ para } 0,1 \leq \mu \leq 0,2 \text{ e } 0,2 \leq \eta \leq 1,0$$

$$b = 0, \text{ para } 0,2 \leq \mu \leq 0,3 \text{ e } 0,6 \leq \eta \leq 1,0$$

$$b = 320 - 2788\eta + 13458\eta^2 - 27667\eta^3 + 19167\eta^4 \text{ para } 0,2 \leq \mu \leq 0,3 \text{ e } 0,2 \leq \eta \leq 0,6$$

- Seção tubular retangular:

$$k_\ell = 14,5 + 178\eta - 602\eta^2 + 649\eta^3 - 234\eta^4$$

7.2 FLAMBAGEM LATERAL COM TORÇÃO

Como o momento fletor pode não ter valor constante em um trecho, define-se um fator de modificação para o momento fletor não uniforme, que a favor da segurança pode ser igual a 1,0 ou calculado pela equação:

$$C_b = \frac{12,5M_{máx}}{2,5M_{máx} + 3M_A + 4M_B + 3M_c}$$

em que $M_{máx}$ é o máximo momento fletor solicitante de cálculo, em módulo, no trecho; M_A indica o máximo momento fletor solicitante de cálculo, em módulo, no primeiro quarto do trecho; M_B refere-se ao máximo momento fletor solicitante de cálculo, em módulo, no centro do trecho; M_C é o máximo momento fletor solicitante de cálculo, em módulo, no terceiro quarto do trecho.

Nos balanços com extremidade livre sem contenção lateral o fator deve ser 1,0.

7.2.1 Determinação do momento fletor de flambagem elástica lateral com torção

A seguir, N_{ey}, N_{ez} e r_0 têm os valores definidos conforme o Capítulo 6, sobre compressão axial, considerando $K_yL_y = L_y$ e $K_zL_z = L_z$. Valores diferentes devem ser justificados com base na bibliografia especializada.

- Para perfis com dupla simetria ou monossimétricos, sujeitos a flexão em torno do eixo de simetria:

$$M_e = C_b r_0 \sqrt{N_{ey} N_{ez}}$$

- Para perfis com seção tipo Z ponto simétrica, com carregamento no plano da alma:

$$M_e = 0,5 C_b r_0 \sqrt{N_{ey} N_{ez}}$$

- Para barras com seção fechada (caixão), sujeitas a flexão em torno do eixo x:

$$M_e = C_b \sqrt{N_{ey} GJ}$$

7.2.2 Momento fletor resistente de cálculo referente à flambagem lateral com torção

O momento fletor resistente de cálculo referente à flambagem lateral com torção, para um trecho entre seções contidas lateralmente, deve ser calculado por:

$$M_{Rd} = \chi_{FL} W_{c,ef} f_y / \gamma \qquad (\gamma = 1,10)$$

em que $W_{c,ef}$ é o módulo de resistência elástico da seção efetiva em relação à fibra extrema comprimida, valendo:

$$W_{c,ef} = W_c \quad \text{para} \quad \lambda_p \leq 0,673$$

$$W_{c,ef} = W_c \left(1 - \frac{0,22}{\lambda_p}\right)\frac{1}{\lambda_p} \quad \text{para} \quad \lambda_p > 0,673$$

$$\lambda_p = \sqrt{\frac{\chi_{FL} W_c f_y}{M_\ell}}$$

Nesses casos, M_ℓ é o momento fletor de flambagem local elástica já definido anteriormente e χ_{FL} indica o fator de redução do momento fletor resistente, associado à flambagem lateral com torção, dado por:

$$- \text{para } \lambda_0 \leq 0,6 : \chi_{FL} = 1$$

$$- \text{para } 0,6 < \lambda_0 < 1,336 : \chi_{FL} = 1,11(1 - 0,278\lambda_0^2)$$

$$- \text{para } \lambda_0 \geq 1,336 : \chi_{FL} = \frac{1}{\lambda_0{}^2}$$

$$\lambda_0 = \sqrt{\frac{W_c f_y}{M_e}}$$

7.3 FLAMBAGEM DISTORCIONAL

Para as barras com seção transversal aberta sujeita à flambagem distorcional, o momento fletor resistente de cálculo deve ser determinado por:

$$M_{Rd} = \chi_{dist} W f_y / \gamma \qquad (\gamma = 1,10)$$

Nesse caso, o fator de redução do momento fletor resistente, associado à flambagem distorcional, é calculado por:

$$\chi_{dist} = 1 \quad \text{para} \quad \lambda_{dist} \leq 0,673$$

$$\chi_{dist} = \left(1 - \frac{0,22}{\lambda_{dist}}\right)\frac{1}{\lambda_{dist}} \quad \text{para} \quad \lambda_{dist} > 0,673$$

Sendo W o módulo de resistência elástico da seção bruta em relação à fibra extrema que atinge o escoamento; $\lambda_{dist} = \sqrt{\frac{W f_y}{M_{distr}}}$ o índice de esbeltez reduzido associado à flambagem distorcional; M_{distr} o momento fletor de flambagem distorcional elástica, o qual deve ser calculado com base na análise de estabilidade elástica.

Para as barras com seção tipo U enrijecido e seção tipo Z enrijecido, se a relação D/b_w for igual ou superior aos valores indicados na Tabela 7.1, a seguir, a verificação da flambagem distorcional pode ser dispensada.

Tabela 7.1 Valores mínimos da relação D/b_w de barras com seção tipo U enrijecido e seção tipo Z enrijecido, sob flexão simples em torno do eixo de maior inércia, para dispensar a verificação da flambagem distorcional.

b_f/b_w	b_w/t				
	250	200	125	100	50
0,4	0,05	0,06	0,1	0,12	0,25
0,6	0,05	0,06	0,1	0,12	0,25
0,8	0,05	0,06	0,09	0,12	0,22
1	0,05	0,06	0,09	0,11	0,22
1,2	0,05	0,06	0,09	0,11	0,2
1,4	0,05	0,06	0,09	0,1	0,2
1,6	0,05	0,06	0,09	0,1	0,2
1,8	0,05	0,06	0,09	0,1	0,19
2	0,05	0,06	0,09	0,1	0,19

Os valores dos esforços críticos para todos os perfis constantes da ABNT NBR 6355, de 2012, foram determinados numericamente por Pierin, Silva e La Rovere (2013), com base na tese de doutorado de Pierin (2011), realizada sob orientação do professor Valdir Pignata e Silva. Esses dados são apresentados no Anexo B.

7.4 FORÇA CORTANTE

A força cortante resistente de cálculo deve ser determinada por:

$$- \text{ para } h/t \leq 1{,}08\sqrt{\frac{E k_v}{f_y}} \qquad V_{Rd} = 0{,}6 f_y h t / \gamma \qquad (\gamma = 1{,}10)$$

– para $1,08\sqrt{\frac{Ek_v}{f_y}} < h/t \leq 1,4\sqrt{\frac{Ek_v}{f_y}}$ $\quad V_{Rd} = 0,65t^2 \frac{\sqrt{k_V f_y E}}{\gamma}$ $\quad (\gamma = 1,10)$

– para $h/t > 1,4\sqrt{\frac{Ek_v}{f_y}}$ $\quad V_{Rd} = \frac{0,905Ek_v t^3}{h\gamma}$ $\quad (\gamma = 1,10)$

em que t é a espessura da alma; h indica a largura da alma (altura da parte plana da alma); k_V é o coeficiente de flambagem local por cisalhamento dado por $k_V = 5$ para alma sem enrijecedores transversais ou para $a/h > 3$ e $k_V = 5 + \frac{5}{(a/h)^2}$ para $a/h \leq 3$; a é a distância entre enrijecedores transversais da alma.

7.5 MOMENTO FLETOR E FORÇA CORTANTE COMBINADOS

Todas as barras em que o momento fletor varia ao longo do eixo estão sujeitas à força cortante, conforme se sabe da resistência clássica dos materiais. Assim, o efeito combinado deve ser verificado pela equação de interação:

$$\left(\frac{M_{Sd}}{M_{0,Rd}}\right) + \left(\frac{V_{Sd}}{V_{Rd}}\right) \leq 1,0$$

em que $M_{0,Rd}$ é o momento fletor resistente de cálculo pelo escoamento da seção efetiva.

Para barras com enrijecedores transversais de alma, quando $\frac{M_{Sd}}{M_{0,Rd}} > 0,5$ e $\frac{V_{Sd}}{V_{Rd}} > 0,7$, deve-se atender à equação de interação:

$$0,6\left(\frac{M_{Sd}}{M_{0,Rd}}\right) + \left(\frac{V_{Sd}}{V_{Rd}}\right) \leq 1,3$$

7.6 CÁLCULO DE DESLOCAMENTOS

Para a verificação do estado-limite de serviço de deslocamentos, a redução de rigidez associada à flambagem local é considerada pelo cálculo de um momento de inércia efetivo da seção dado por:

$$I_{ef} = I_g \quad \text{para} \quad \lambda_{\text{pd}} \leq 0,673$$

$$I_{ef} = I_g\left(1 - \frac{0,22}{\lambda_{\text{pd}}}\right)\frac{1}{\lambda_{\text{pd}}} \quad \text{para} \quad \lambda_{\text{pd}} > 0,673$$

onde:

$$\lambda_{pd} = \sqrt{\frac{M_n}{M_t}}$$

em que M_n é o momento fletor solicitante calculado considerando as combinações de ações para os estados-limite de serviço; M_t indica o momento fletor de flambagem local elástica; I_g refere-se ao momento de inércia da seção bruta.

7.7 PROGRAMA COMPUTACIONAL E EXEMPLO

Lista-se, a seguir, um programa computacional em linguagem MATLAB® para determinação do momento fletor e da força cortante resistentes de cálculo, segundo a ABNT NBR 14762, de 2010.

Os valores da seção transversal incorporados ao programa referem-se a um exemplo particular. O leitor deve testar outros casos. As linhas iniciadas com o símbolo "%" são comentários ou linhas desativadas neste exemplo, que podem ser ativadas para outros casos.

Cálculo do momento fletor resistente em torno do eixo X do perfil Ue 100 × 50 × 17 × 1,2. O comprimento da viga é 400 cm, sem travamentos intermediários. Considerar carga concentrada de calculo no meio do vão da viga biapoiada no valor de 1,5 KN, para verificação da combinação com força cortante.

```
% Perfis Leves – Moliterno-Brasil
% Momento fletor resistente
% flexao_MB.m // 07/01/2015
clear all
% unidades kN, cm
%
% material
%
fy=25;fu=40;E=20000;G=7700;nu=0.3;
%
% dados geométricos da seção
%
A=2.71;Ix=44.15;Wx=8.83;Iy=10.12;Wy=3.15;
rx=4.03;ry=1.93;It=0.013;Iw=246.61;r0=6.19;x0=4.28;
ri=0.12;t=0.12;D=1.7;
bw=10;bf=5;eta=bf/bw;mi=D/bw;
```

```
%
% dados geométricos da barra fletida
%
L=400.0;W=Wx;Wc=Wx;
%
% 1) Escoamento da seção efetiva
%
% Coeficiente de flambagem local
%
%seção U e Z simples
% kl =eta^(-1.843);
%seção U e Z enrijecido (D é o comprimento da enrijecedor)
a=81-730*eta+4261*eta^2-12304*eta^3+17919*eta^4-12796*
eta^5+3574*eta^6;
b=0;
if (0.2<mi<=0.3)
  if (0.2<=eta<=0.6)
    b=320-2788*eta+13458*eta^2-27667*eta^3+19167*eta^4;
  end
end
kl=a-b*(mi-0.2);
%seção tubular retangular
%kl=14.5+178*eta-602*eta^2+649*eta^3-234*eta^4;
%
% momento fletor de flambagem local elástica
%
Ml=kl*pi^2*E*Wc/12/(1-nu^2)/(bw/t)^2;
%
% módulo resistente efetivo
lamp=sqrt(W*fy/Ml);
if (lamp>0.673)
  Wef=W*(1-0.22/lamp)/lamp;
else
  Wef=W;
end
```

```
MRd(1)=Wef*fy/1.1;
%
% 2)Flambagem lateral com torção
%
Cb=1.0; % a favor da segurança
%
Ney=pi^2*E*Iy/L^2;
Nez=1/r0^2*(pi^2*E*Iw/L^2+G*It);
%
%perfil duplamente simétrico ou monossimétrico fletido no eixo de simetria
Me=Cb*r0*sqrt(Ney*Nez);
%perfil Z ponto simétrico carregado no plano da alma
%Me=0.5*Cb*r0*sqrt(Ney*Nez);
% seção fechada (caixão) fletida em x
%Me=Cb*r0*sqrt(Ney*G*J);
%
lamb0=sqrt(Wc*fy/Me);l2=lamb0^2;
if (lamb0<=0.6)
   quiFL=1.0;
end
if (0.6<lamb0<1.336)
   quiFL=1.11*(1-0.278*l2);
end
if (lamb0>=1.336)
   quiFL=1.0/l2;
end
%
% módulo resistente efetivo
lamp=sqrt(quiFL*Wc*fy/Ml);
if (lamp>0.673)
   Wcef=Wc*(1-0.22/lamp)/lamp;
else
   Wcef=Wc;
end
MRd(2)=quiFL*Wcef*fy/1.1;
```

```
%
% consideração da flambagem distorcional
%
% Mdist= ; %tirada da tabela de PIERIN
%
%lamd=sqrt(W*fy/Mdist);
%
%if (lamd>0.673)
%    quid=(1-0.22/lamd)/lamd;
%else
%    quid=1.0;
%end
%
%MRd(3)=quid*W*fy/1.1;
%
MRdm=min(MRd)
%
%supondo força concentrada P no meio do vão
%
P=1.5; %kN
MSd=P*L/4;
VSd=P/2;
%
%fórmula de iteração
%
decisao=(MSd/MRd(1))^2+(VSd/VRd)^2;
if (decisao<=1.0)
   disp('Aceito')
else
   disp('Não aceito')
end
%
```

8 CAPÍTULO

Peças sob flexão composta

No caso mais geral de estruturas constituídas de perfis formados a frio, é possível a ocorrência de solicitações compostas, de forma que uma dada seção pode estar sob efeito combinado de força normal de compressão ou de tração e momento fletor em um plano principal de inércia ou fora dele. Nesses casos, os esforços solicitantes de cálculo e os esforços resistentes de cálculo devem satisfazer a seguinte equação de interação:

$$\frac{N_{Sd}}{N_{Rd}} + \frac{M_{x,Sd}}{M_{x,Rd}} + \frac{M_{y,Sd}}{M_{y,Rd}} \leq 1,0$$

em que N_{Sd} é a força normal de compressão ou tração solicitante de cálculo da seção; $M_{x,\,Sd}$ refere-se ao momento fletor em relação ao eixo x solicitante de cálculo da seção; $M_{y,\,Sd}$ indica o momento fletor em relação ao eixo y solicitante de cálculo da seção; N_{Rd} é a força normal de compressão ou tração resistente de cálculo da seção; $M_{x,\,Rd}$ indica o momento fletor em relação ao eixo x resistente de cálculo da seção; $M_{y,\,Rd}$ refere-se ao momento fletor em relação ao eixo y resistente de cálculo da seção.

Referências bibliográficas

ASSOCIAÇÃO BRASILEIRA DE NORMAS TÉCNICAS. **NBR 14762**: dimensionamento de estruturas de aço constituídas de perfis formados a frio. Rio de Janeiro, 2010.

_____. **NBR 6355**: perfis estruturais de aço formados a frio – padronização. Rio de Janeiro, 2012.

_____. **NBR 8681**: ações e segurança nas estruturas – procedimento. Rio de Janeiro, 2003.

PIERIN, I. **A instabilidade de perfis formados a frio em situação de incêndio**. 2011. 243 f. Tese (Doutorado). Escola Politécnica da Universidade de São Paulo, São Paulo, 2011.

PIERIN, I; SILVA, V. P; LA ROVERE, H. L. Forças normais e momentos fletores críticos de perfis formados a frio. **Revista das Estruturas de Aço**, v. 2, n. 1. Rio de Janeiro, 2013.

SILVA, E. L.; PIERIN, I.; SILVA, V. P. **Estruturas compostas por perfis formados a frio**: dimensionamento pelo método das larguras efetivas e aplicação conforme ABNT NBR 14762:2010 e ABNT NBR 6355:2012. Rio de Janeiro: Instituto Aço Brasil/Centro Brasileiro da Construção em Aço, 2014.

ANEXO

A

Seções transversais dos perfis formados a frio indicados pela ABNT NBR 6355, de 2012

Tabela A.1 Cantoneira de abas iguais – Aço sem revestimento: dimensões, massas e propriedades geométricas.

Perfil			Dimensões			Eixo x/Eixo y	
L	m kg/m	A cm²	b_f mm	$t = t_n$ mm	r_i mm	$I_x = I_y$ cm⁴	$W_x = W_y$ cm³
30 x 2,00	0,89	1,13	30	2,00	2,00	1,00	0,46
30 x 2,25	0,99	1,27	30	2,25	2,25	1,11	0,52
30 x 2,65	1,16	1,47	30	2,65	2,65	1,27	0,60
30 x 3,00	1,30	1,65	30	3,00	3,00	1,41	0,67
40 x 2,00	1,20	1,53	40	2,00	2,00	2,44	0,84
40 x 2,25	1,35	1,72	40	2,25	2,25	2,71	0,94
40 x 2,65	1,57	2,00	40	2,65	2,65	3,14	1,09
40 x 3,00	1,77	2,25	40	3,00	3,00	3,50	1,22
50 x 2,00	1,52	1,93	50	2,00	2,00	4,85	1,33
50 x 2,25	1,70	2,17	50	2,25	2,25	5,41	1,48
50 x 2,65	1,99	2,53	50	2,65	2,65	6,28	1,73
50 x 3,00	2,24	2,85	50	3,00	3,00	7,02	1,94
50 x 3,35	2,48	3,17	50	3,35	3,35	7,74	2,15
50 x 3,75	2,76	3,52	50	3,75	3,75	8,53	2,39
50 x 4,25	3,10	3,95	50	4,25	4,25	9,49	2,67
50 x 4,75	3,44	4,38	50	4,75	4,75	10,40	2,95
50 x 6,30	4,43	5,65	50	6,30	6,30	12,96	3,75
60 x 2,00	1,83	2,33	60	2,00	2,00	8,48	1,92
60 x 2,25	2,05	2,62	60	2,25	2,25	9,48	2,16
60 x 2,65	2,41	3,06	60	2,65	2,65	11,03	2,52
60 x 3,00	2,71	3,45	60	3,00	3,00	12,35	2,83
60 x 3,35	3,01	3,84	60	3,35	3,35	13,65	3,14
60 x 3,75	3,35	4,27	60	3,75	3,75	15,10	3,49
60 x 4,25	3,77	4,80	60	4,25	4,25	16,85	3,91
60 x 4,75	4,18	5,33	60	4,75	4,75	18,53	4,33
60 x 6,30	5,42	6,91	60	6,30	6,30	23,38	5,56
80 x 3,00	3,65	4,65	80	3,00	3,00	29,95	5,11
80 x 3,35	4,06	5,18	80	3,35	3,35	33,18	5,68
80 x 3,75	4,53	5,77	80	3,75	3,75	36,81	6,32
80 x 4,25	5,10	6,50	80	4,25	4,25	41,25	7,11
80 x 4,75	5,67	7,23	80	4,75	4,75	45,59	7,89
80 x 6,30	7,40	9,43	80	6,30	6,30	58,32	10,22
80 x 8,00	9,11	11,61	80	8,00	12,00	70,05	12,51
100 x 3,75	5,71	7,27	100	3,75	3,75	73,11	9,98
100 x 4,25	6,44	8,20	100	4,25	4,25	82,13	11,24
100 x 4,75	7,17	9,13	100	4,75	4,75	90,97	12,49
100 x 6,30	9,38	11,95	100	6,30	6,30	117,30	16,27
100 x 8,00	11,63	14,81	100	8,00	12,00	142,92	20,13
100 x 9,50	13,60	17,32	100	9,50	14,25	164,30	23,39
100 x 12,50	17,35	22,10	100	12,50	18,75	201,48	29,35
125 x 4,75	9,03	11,50	125	4,75	4,75	180,72	19,74

Eixo x/Eixo y			Eixos principais			torção/empenamento			
$r_x = r_y$ cm	$X_g = Y_g$ cm	I_{xy} cm^4	I_1 cm^4	I_2 cm^4	r_2 cm	I_t cm^4	I_w cm^6	x^a_0 cm	r_0 cm
0,94	0,84	-0,62	1,62	0,37	0,57	0,02	0,00	1,05	1,69
0,93	0,85	-0,70	1,80	0,41	0,57	0,02	0,00	1,05	1,69
0,93	0,87	-0,81	2,08	0,46	0,56	0,03	0,00	1,05	1,68
0,92	0,89	-0,90	2,30	0,51	0,55	0,05	0,00	1,05	1,67
1,26	1,09	-1,51	3,95	0,93	0,78	0,02	0,00	1,40	2,27
1,26	1,10	-1,69	4,40	1,03	0,77	0,03	0,00	1,40	2,26
1,25	1,12	-1,96	5,10	1,18	0,77	0,05	0,00	1,40	2,26
1,25	1,14	-2,20	5,69	1,30	0,76	0,07	0,00	1,40	2,25
1,58	1,34	-2,98	7,84	1,87	0,98	0,03	0,00	1,76	2,85
1,58	1,35	-3,34	8,75	2,08	0,98	0,04	0,00	1,75	2,84
1,57	1,37	-3,89	10,17	2,39	0,97	0,06	0,00	1,75	2,83
1,57	1,39	-4,37	11,39	2,65	0,96	0,09	0,00	1,75	2,83
1,56	1,41	-4,84	12,58	2,90	0,96	0,12	0,00	1,75	2,82
1,56	1,42	-5,37	13,90	3,17	0,95	0,16	0,00	1,75	2,81
1,55	1,45	-6,01	15,50	3,48	0,94	0,24	0,00	1,75	2,80
1,54	1,47	-6,63	17,04	3,77	0,93	0,33	0,00	1,74	2,79
1,51	1,55	-8,45	21,41	4,50	0,89	0,75	0,00	1,74	2,76
1,91	1,59	-5,19	13,68	3,29	1,19	0,03	0,00	2,11	3,42
1,90	1,60	-5,81	15,29	3,66	1,18	0,04	0,00	2,11	3,42
1,90	1,62	-6,80	17,82	4,23	1,18	0,07	0,00	2,11	3,41
1,89	1,64	-7,64	20,00	4,71	1,17	0,10	0,00	2,10	3,40
1,89	1,65	-8,47	22,12	5,18	1,16	0,14	0,00	2,10	3,40
1,88	1,67	-9,41	24,51	5,68	1,15	0,20	0,00	2,10	3,39
1,87	1,70	-10,56	27,41	6,28	1,14	0,29	0,00	2,10	3,38
1,86	1,72	-11,69	30,22	6,85	1,13	0,40	0,00	2,10	3,37
1,84	1,79	-15,01	38,39	8,36	1,10	0,91	0,00	2,09	3,34
2,54	2,14	-18,38	48,32	11,57	1,58	0,14	0,00	2,81	4,56
2,53	2,15	-20,42	53,60	12,76	1,57	0,19	0,00	2,81	4,55
2,53	2,17	-22,72	59,54	14,09	1,56	0,27	0,00	2,81	4,54
2,52	2,20	-25,56	66,82	15,69	1,55	0,39	0,00	2,80	4,53
2,51	2,22	-28,36	73,95	17,22	1,54	0,54	0,00	2,80	4,52
2,49	2,29	-36,76	95,07	21,56	1,51	1,25	0,00	2,80	4,49
2,46	2,40	-45,88	115,93	24,17	1,44	2,47	0,00	2,83	4,48
3,17	2,67	-44,87	117,98	28,25	1,97	0,34	0,00	3,51	5,70
3,16	2,70	-50,55	132,68	31,57	1,96	0,49	0,00	3,51	5,69
3,16	2,72	-56,17	147,14	34,80	1,95	0,69	0,00	3,51	5,68
3,13	2,79	-73,16	190,46	44,15	1,92	1,58	0,00	3,50	5,65
3,11	2,90	-91,80	234,72	51,12	1,86	3,16	0,00	3,53	5,64
3,08	2,98	-107,08	271,38	57,22	1,82	5,21	0,00	3,54	5,61
3,02	3,14	-135,31	336,79	66,18	1,73	11,50	0,00	3,55	5,55
3,96	3,34	-110,93	291,65	69,78	2,46	0,86	0,00	4,39	7,12

(continua)

(continuação)

Perfil				Dimensões			Eixo x/Eixo y	
L			m kg/m	A cm^2	b_f mm	$t = t_n$ mm	r_i mm	$I_x = I_y$ cm^4	$W_x = W_y$ cm^3
125	x	6,30	11,85	15,10	125	6,30	6,30	234,43	25,81
125	x	8,00	14,77	18,81	125	8,00	12,00	288,48	32,13
125	x	9,50	17,33	22,07	125	9,50	14,25	334,27	37,55
125	x	12,50	22,25	28,35	125	12,50	18,75	417,54	47,74
125	x	16,00	27,67	35,24	125	16,00	24,00	499,94	58,40
150	x	4,75	10,90	13,88	150	4,75	4,75	315,79	28,62
150	x	6,30	14,32	18,25	150	6,30	6,30	411,25	37,52
150	x	8,00	17,91	22,81	150	8,00	12,00	509,13	46,90
150	x	9,50	21,06	26,82	150	9,50	14,25	592,75	54,99
150	x	12,50	27,16	34,60	150	12,50	18,75	748,36	70,43
150	x	16,00	33,95	43,24	150	16,00	24,00	909,56	87,10
175	x	4,75	12,76	16,25	175	4,75	4,75	505,44	39,16
175	x	6,30	16,80	21,40	175	6,30	6,30	660,03	51,42
175	x	8,00	21,05	26,81	175	8,00	12,00	820,47	64,44
175	x	9,50	24,78	31,57	175	9,50	14,25	958,29	75,71
175	x	12,50	32,06	40,85	175	12,50	18,75	1218,34	97,43
175	x	16,00	40,23	51,24	175	16,00	24,00	1494,75	121,29
200	x	4,75	14,62	18,63	200	4,75	4,75	758,94	51,34
200	x	6,30	19,27	24,55	200	6,30	6,30	993,07	67,51
200	x	8,00	24,19	30,81	200	8,00	12,00	1238,11	84,76
200	x	9,50	28,51	36,32	200	9,50	14,25	1449,40	99,73
200	x	12,50	36,97	47,10	200	12,50	18,75	1851,83	128,76
200	x	16,00	46,51	59,24	200	16,00	24,00	2286,69	161,01
200	x	19,00	54,39	69,29	200	19,00	28,50	2628,81	187,15

Eixo x/Eixo y			Eixos principais			torção/empenamento			
$r_x = r_y$ cm	$X_g = Y_g$ cm	I_{xy} cm^4	I_1 cm^4	I_2 cm^4	r_2 cm	I_t cm^4	I_w cm^6	x^a_0 cm	r_0 cm
3,94	3,42	-145,02	379,45	89,42	2,43	2,00	0,00	4,38	7,09
3,92	3,52	-182,55	471,03	105,92	2,37	4,01	0,00	4,41	7,08
3,89	3,60	-213,90	548,16	120,37	2,34	6,63	0,00	4,42	7,06
3,84	3,75	-273,46	690,99	144,08	2,25	14,75	0,00	4,42	7,00
3,77	3,94	-336,76	836,70	163,18	2,15	30,04	0,00	4,44	6,93
4,77	3,97	-193,11	508,90	122,67	2,97	1,04	0,00	5,27	8,56
4,75	4,04	-253,06	664,31	158,19	2,94	2,41	0,00	5,27	8,53
4,72	4,14	-319,11	828,24	190,02	2,89	4,86	0,00	5,29	8,52
4,70	4,22	-374,88	967,63	217,88	2,85	8,06	0,00	5,30	8,50
4,65	4,37	-482,23	1230,60	266,13	2,77	18,00	0,00	5,30	8,45
4,59	4,56	-599,65	1509,21	309,92	2,68	36,86	0,00	5,31	8,38
5,58	4,59	-308,27	813,71	197,17	3,48	1,22	0,00	6,16	10,01
5,55	4,66	-404,67	1064,71	255,36	3,45	2,83	0,00	6,15	9,98
5,53	4,77	-510,85	1331,32	309,63	3,40	5,71	0,00	6,18	9,97
5,51	4,84	-601,14	1559,43	357,15	3,36	9,49	0,00	6,18	9,94
5,46	5,00	-776,29	1994,63	442,05	3,29	21,25	0,00	6,18	9,89
5,40	5,18	-970,75	2465,50	523,99	3,20	43,68	0,00	6,19	9,83
6,38	5,22	-461,98	1220,92	296,96	3,99	1,40	0,00	7,04	11,45
6,36	5,29	-607,23	1600,31	385,84	3,96	3,24	0,00	7,03	11,42
6,34	5,39	-767,14	2005,25	470,97	3,91	6,57	0,00	7,06	11,41
6,32	5,47	-903,82	2353,22	545,57	3,88	10,92	0,00	7,06	11,39
6,27	5,62	-1170,27	3022,10	681,56	3,80	24,51	0,00	7,06	11,34
6,21	5,80	-1468,83	3755,52	817,87	3,72	50,50	0,00	7,07	11,28
6,16	5,95	-1713,23	4342,03	915,58	3,64	83,30	0,00	7,07	11,22

[a] Nesse caso, x_0 é a distância do centro de torção em relação ao centroide, na direção do eixo principal de maior inércia (eixo 1).

Tabela A.2 Perfil U simples – Aço sem revestimento – Dimensões, massas e propriedades geométricas.

Perfil			Dimensões				Eixo x	
U	m kg/m	A cm^2	b_w mm	b_f mm	$t = t_n$ mm	r_i mm	I_x cm^4	W_x cm^3
50 x 25 x 1,20	0,90	1,15	50	25	1,20	1,2	4,54	1,82
50 x 25 x 1,50	1,12	1,43	50	25	1,50	1,5	5,54	2,21
50 x 25 x 2,00	1,47	1,87	50	25	2,00	2	7,07	2,83
50 x 25 x 2,25	1,64	2,08	50	25	2,25	2,25	7,79	3,12
50 x 25 x 2,65	1,90	2,42	50	25	2,65	2,65	8,85	3,54
50 x 25 x 3,00	2,12	2,70	50	25	3,00	3	9,71	3,89
75 x 40 x 1,20	1,42	1,81	75	40	1,20	1,2	16,67	4,44
75 x 40 x 1,50	1,77	2,25	75	40	1,50	1,5	20,50	5,47
75 x 40 x 2,00	2,33	2,97	75	40	2,00	2	26,60	7,09
75 x 40 x 2,25	2,61	3,32	75	40	2,25	2,25	29,52	7,87
75 x 40 x 2,65	3,04	3,88	75	40	2,65	2,65	34,01	9,07
75 x 40 x 3,00	3,42	4,35	75	40	3,00	3	37,76	10,07
75 x 40 x 3,35	3,79	4,82	75	40	3,35	3,35	41,34	11,02
75 x 40 x 3,75	4,20	5,35	75	40	3,75	3,75	45,23	12,06
75 x 40 x 4,25	4,71	5,99	75	40	4,25	4,25	49,81	13,28
75 x 40 x 4,75	5,20	6,62	75	40	4,75	4,75	54,07	14,42
100 x 40 x 1,20	1,66	2,11	100	40	1,20	1,2	32,33	6,47
100 x 40 x 1,50	2,06	2,63	100	40	1,50	1,5	39,88	7,98
100 x 40 x 2,00	2,72	3,47	100	40	2,00	2	51,99	10,40
100 x 40 x 2,25	3,05	3,88	100	40	2,25	2,25	57,82	11,56
100 x 40 x 2,65	3,56	4,54	100	40	2,65	2,65	66,87	13,37
100 x 40 x 3,00	4,01	5,10	100	40	3,00	3	74,48	14,90
100 x 40 x 3,35	4,44	5,66	100	40	3,35	3,35	81,83	16,37
100 x 40 x 3,75	4,94	6,29	100	40	3,75	3,75	89,89	17,98
100 x 40 x 4,25	5,54	7,06	100	40	4,25	4,25	99,49	19,90
100 x 40 x 4,75	6,13	7,81	100	40	4,75	4,75	108,55	21,71
100 x 40 x 6,30	7,88	10,04	100	40	6,30	6,3	133,35	26,67
100 x 50 x 1,20	1,85	2,35	100	50	1,20	1,2	38,19	7,64
100 x 50 x 1,50	2,30	2,93	100	50	1,50	1,5	47,15	9,43
100 x 50 x 2,00	3,04	3,87	100	50	2,00	2	61,59	12,32
100 x 50 x 2,25	3,40	4,33	100	50	2,25	2,25	68,57	13,71
100 x 50 x 2,65	3,98	5,07	100	50	2,65	2,65	79,42	15,88
100 x 50 x 3,00	4,48	5,70	100	50	3,00	3	88,60	17,72
100 x 50 x 3,35	4,97	6,33	100	50	3,35	3,35	97,48	19,50
100 x 50 x 3,75	5,52	7,04	100	50	3,75	3,75	107,26	21,45
100 x 50 x 4,25	6,21	7,91	100	50	4,25	4,25	118,97	23,79
100 x 50 x 4,75	6,88	8,76	100	50	4,75	4,75	130,09	26,02
100 x 50 x 6,30	8,87	11,30	100	50	6,30	6,3	161,01	32,20
100 x 75 x 2,65	5,02	6,39	100	75	2,65	2,65	110,82	22,16
100 x 75 x 3,00	5,66	7,20	100	75	3,00	3	123,88	24,78
100 x 75 x 3,35	6,28	8,01	100	75	3,35	3,35	136,59	27,32

Eixo x			Eixo y			torção/empenamento		
r_x cm	X_g cm	x_0 cm	I_y cm^4	W_y cm^3	r_y cm	I_t cm^4	Iw cm^6	r_0 cm
1,99	0,68	1,54	0,72	0,39	0,79	0,006	3,03	2,63
1,97	0,69	1,53	0,88	0,49	0,78	0,011	3,67	2,61
1,95	0,72	1,52	1,13	0,63	0,78	0,025	4,64	2,59
1,93	0,73	1,51	1,25	0,70	0,77	0,035	5,09	2,57
1,91	0,75	1,50	1,42	0,81	0,77	0,057	5,75	2,55
1,90	0,77	1,50	1,57	0,91	0,76	0,081	6,27	2,53
3,03	1,09	2,53	2,97	1,02	1,28	0,009	28,54	4,15
3,02	1,10	2,52	3,67	1,27	1,28	0,017	34,98	4,14
2,99	1,13	2,51	4,78	1,66	1,27	0,040	45,13	4,11
2,98	1,14	2,51	5,32	1,86	1,27	0,056	49,94	4,10
2,96	1,16	2,50	6,15	2,16	1,26	0,091	57,28	4,07
2,94	1,17	2,49	6,85	2,42	1,25	0,130	63,34	4,06
2,93	1,19	2,48	7,52	2,68	1,25	0,180	69,09	4,04
2,91	1,21	2,48	8,26	2,96	1,24	0,251	75,27	4,02
2,88	1,23	2,47	9,14	3,30	1,23	0,361	82,46	3,99
2,86	1,26	2,46	9,97	3,64	1,23	0,497	89,06	3,96
3,91	0,94	2,27	3,25	1,06	1,24	0,010	56,25	4,69
3,90	0,96	2,26	4,01	1,32	1,24	0,020	69,11	4,67
3,87	0,98	2,25	5,23	1,73	1,23	0,046	89,52	4,64
3,86	0,99	2,25	5,82	1,93	1,22	0,065	99,25	4,63
3,84	1,01	2,24	6,74	2,25	1,22	0,106	114,20	4,61
3,82	1,02	2,23	7,52	2,53	1,21	0,153	126,66	4,59
3,80	1,04	2,22	8,27	2,79	1,21	0,212	138,56	4,57
3,78	1,06	2,21	9,09	3,09	1,20	0,294	151,48	4,54
3,75	1,08	2,20	10,08	3,45	1,20	0,424	166,66	4,51
3,73	1,10	2,19	11,02	3,80	1,19	0,587	180,78	4,48
3,65	1,18	2,15	13,60	4,82	1,16	1,326	218,30	4,39
4,03	1,30	3,10	5,99	1,62	1,60	0,011	102,97	5,33
4,01	1,32	3,09	7,41	2,01	1,59	0,022	126,77	5,31
3,99	1,34	3,08	9,71	2,65	1,58	0,052	164,78	5,28
3,98	1,35	3,07	10,82	2,97	1,58	0,073	183,02	5,27
3,96	1,37	3,07	12,57	3,46	1,57	0,119	211,18	5,25
3,94	1,39	3,06	14,05	3,89	1,57	0,171	234,81	5,23
3,92	1,41	3,05	15,49	4,31	1,56	0,237	257,51	5,21
3,90	1,42	3,04	17,09	4,78	1,56	0,330	282,34	5,19
3,88	1,45	3,03	19,01	5,35	1,55	0,476	311,76	5,16
3,85	1,47	3,02	20,86	5,91	1,54	0,658	339,43	5,13
3,78	1,55	2,99	26,07	7,55	1,52	1,493	414,74	5,05
4,16	2,38	5,27	38,21	7,47	2,44	0,150	645,05	7,15
4,15	2,40	5,26	42,85	8,40	2,44	0,216	719,59	7,13
4,13	2,42	5,26	47,40	9,33	2,43	0,299	791,79	7,11

(continua)

(continuação)

Perfil			Dimensões				Eixo x	
U	m kg/m	A cm^2	b_w mm	b_f mm	$t = t_n$ mm	r_i mm	I_x cm^4	W_x cm^3
100 x 75 x 3,75	7,00	8,91	100	75	3,75	3,75	150,69	30,14
100 x 75 x 4,25	7,87	10,03	100	75	4,25	4,25	167,67	33,53
100 x 75 x 4,75	8,74	11,13	100	75	4,75	4,75	183,96	36,79
100 x 75 x 6,30	11,34	14,45	100	75	6,30	6,3	230,15	46,03
100 x 75 x 8,00	13,83	17,62	100	75	8,00	12	266,67	53,33
125 x 50 x 1,20	2,08	2,65	125	50	1,20	1,2	63,82	10,21
125 x 50 x 1,50	2,59	3,30	125	50	1,50	1,5	78,93	12,63
125 x 50 x 2,00	3,43	4,37	125	50	2,00	2	103,38	16,54
125 x 50 x 2,25	3,84	4,90	125	50	2,25	2,25	115,26	18,44
125 x 50 x 2,65	4,50	5,73	125	50	2,65	2,65	133,80	21,41
125 x 50 x 3,00	5,07	6,45	125	50	3,00	3	149,55	23,93
125 x 50 x 3,35	5,63	7,17	125	50	3,35	3,35	164,87	26,38
125 x 50 x 3,75	6,26	7,98	125	50	3,75	3,75	181,85	29,10
125 x 50 x 4,25	7,04	8,97	125	50	4,25	4,25	202,28	32,37
125 x 50 x 4,75	7,81	9,95	125	50	4,75	4,75	221,87	35,50
125 x 50 x 6,30	10,10	12,87	125	50	6,30	6,3	277,25	44,36
125 x 75 x 2,65	5,54	7,06	125	75	2,65	2,65	183,39	29,34
125 x 75 x 3,00	6,24	7,95	125	75	3,00	3	205,37	32,86
125 x 75 x 3,35	6,94	8,84	125	75	3,35	3,35	226,84	36,29
125 x 75 x 3,75	7,73	9,85	125	75	3,75	3,75	250,76	40,12
125 x 75 x 4,25	8,71	11,09	125	75	4,25	4,25	279,74	44,76
125 x 75 x 4,75	9,67	12,32	125	75	4,75	4,75	307,72	49,24
125 x 75 x 6,30	12,58	16,02	125	75	6,30	6,3	388,20	62,11
125 x 75 x 8,00	15,40	19,62	125	75	8,00	12	455,07	72,81
150 x 50 x 2,00	3,82	4,87	150	50	2,00	2	158,88	21,18
150 x 50 x 2,25	4,28	5,46	150	50	2,25	2,25	177,32	23,64
150 x 50 x 2,65	5,02	6,39	150	50	2,65	2,65	206,17	27,49
150 x 50 x 3,00	5,66	7,20	150	50	3,00	3	230,76	30,77
150 x 50 x 3,35	6,28	8,01	150	50	3,35	3,35	254,76	33,97
150 x 50 x 3,75	7,00	8,91	150	50	3,75	3,75	281,45	37,53
150 x 50 x 4,25	7,87	10,03	150	50	4,25	4,25	313,74	41,83
150 x 50 x 4,75	8,74	11,13	150	50	4,75	4,75	344,84	45,98
150 x 50 x 6,30	11,34	14,45	150	50	6,30	6,3	433,86	57,85
150 x 50 x 8,00	13,83	17,62	150	50	8,00	12	503,31	67,11
150 x 75 x 2,65	6,06	7,72	150	75	2,65	2,65	278,09	37,08
150 x 75 x 3,00	6,83	8,70	150	75	3,00	3	311,80	41,57
150 x 75 x 3,35	7,60	9,68	150	75	3,35	3,35	344,82	45,98
150 x 75 x 3,75	8,47	10,79	150	75	3,75	3,75	381,72	50,90
150 x 75 x 4,25	9,54	12,16	150	75	4,25	4,25	426,60	56,88
150 x 75 x 4,75	10,60	13,51	150	75	4,75	4,75	470,11	62,68
150 x 75 x 6,30	13,81	17,60	150	75	6,30	6,3	596,48	79,53
150 x 75 x 8,00	16,97	21,62	150	75	8,00	12	704,95	93,99

Eixo x			Eixo y			torção/empenamento		
r_x cm	X_g cm	x_0 cm	I_y cm^4	W_y cm^3	r_y cm	I_t cm^4	Iw cm^6	r_0 cm
4,11	2,44	5,25	52,49	10,37	2,43	0,417	871,49	7,10
4,09	2,46	5,24	58,68	11,66	2,42	0,603	966,96	7,07
4,06	2,49	5,23	64,69	12,91	2,41	0,836	1057,95	7,05
3,99	2,57	5,21	82,13	16,67	2,38	1,909	1312,73	6,98
3,89	2,70	5,22	97,33	20,30	2,35	3,756	1547,82	6,92
4,91	1,16	2,85	6,40	1,67	1,55	0,013	174,04	5,88
4,89	1,18	2,84	7,92	2,07	1,55	0,025	214,57	5,86
4,86	1,20	2,83	10,39	2,73	1,54	0,058	279,58	5,83
4,85	1,21	2,82	11,59	3,06	1,54	0,083	310,91	5,82
4,83	1,23	2,81	13,47	3,57	1,53	0,134	359,45	5,80
4,81	1,24	2,80	15,07	4,01	1,53	0,193	400,35	5,78
4,80	1,26	2,80	16,62	4,45	1,52	0,268	439,81	5,76
4,78	1,28	2,79	18,35	4,93	1,52	0,373	483,18	5,73
4,75	1,30	2,77	20,44	5,53	1,51	0,539	534,87	5,70
4,72	1,32	2,76	22,45	6,11	1,50	0,747	583,83	5,67
4,64	1,40	2,73	28,16	7,81	1,48	1,701	719,09	5,58
5,10	2,17	4,92	41,25	7,74	2,42	0,165	1090,88	7,49
5,08	2,19	4,92	46,29	8,72	2,41	0,238	1218,99	7,47
5,06	2,21	4,91	51,25	9,68	2,41	0,330	1343,56	7,45
5,05	2,22	4,90	56,79	10,77	2,40	0,461	1481,66	7,43
5,02	2,25	4,89	63,56	12,10	2,39	0,667	1648,01	7,41
5,00	2,27	4,88	70,14	13,42	2,39	0,926	1807,54	7,38
4,92	2,35	4,85	89,36	17,35	2,36	2,117	2260,41	7,30
4,82	2,47	4,86	106,87	21,25	2,33	4,182	2688,83	7,23
5,71	1,09	2,62	10,93	2,79	1,50	0,065	430,47	6,46
5,70	1,10	2,61	12,20	3,13	1,49	0,092	479,10	6,44
5,68	1,12	2,60	14,18	3,65	1,49	0,150	554,61	6,42
5,66	1,13	2,59	15,87	4,10	1,48	0,216	618,42	6,40
5,64	1,15	2,58	17,52	4,55	1,48	0,299	680,15	6,38
5,62	1,16	2,57	19,35	5,04	1,47	0,417	748,21	6,35
5,59	1,19	2,56	21,57	5,66	1,47	0,603	829,62	6,32
5,57	1,21	2,55	23,70	6,25	1,46	0,836	907,06	6,29
5,48	1,28	2,51	29,80	8,01	1,44	1,909	1123,08	6,20
5,34	1,38	2,50	35,23	9,72	1,41	3,756	1320,98	6,07
6,00	2,00	4,63	43,77	7,95	2,38	0,181	1677,77	7,94
5,99	2,01	4,62	49,14	8,96	2,38	0,261	1876,92	7,92
5,97	2,03	4,61	54,42	9,95	2,37	0,362	2071,06	7,91
5,95	2,05	4,60	60,35	11,07	2,37	0,505	2286,90	7,88
5,92	2,07	4,59	67,58	12,45	2,36	0,731	2547,82	7,86
5,90	2,09	4,58	74,63	13,81	2,35	1,015	2799,05	7,83
5,82	2,17	4,55	95,30	17,87	2,33	2,326	3518,53	7,75
5,71	2,28	4,54	114,65	21,96	2,30	4,608	4209,87	7,65

(continua)

(continuação)

Perfil			Dimensões				Eixo x	
U	m kg/m	A cm^2	b_w mm	b_f mm	$t = t_n$ mm	r_i mm	I_x cm^4	W_x cm^3
200 x 50 x 2,00	4,61	5,87	200	50	2,00	2	317,32	31,73
200 x 50 x 2,25	5,17	6,58	200	50	2,25	2,25	354,62	35,46
200 x 50 x 2,65	6,06	7,72	200	50	2,65	2,65	413,21	41,32
200 x 50 x 3,00	6,83	8,70	200	50	3,00	3	463,39	46,34
200 x 50 x 3,35	7,60	9,68	200	50	3,35	3,35	512,58	51,26
200 x 50 x 3,75	8,47	10,79	200	50	3,75	3,75	567,56	56,76
200 x 50 x 4,25	9,54	12,16	200	50	4,25	4,25	634,48	63,45
200 x 50 x 4,75	10,60	13,51	200	50	4,75	4,75	699,39	69,94
200 x 50 x 6,30	13,81	17,60	200	50	6,30	6,3	888,08	88,81
200 x 50 x 8,00	16,97	21,62	200	50	8,00	12	1045,75	104,57
200 x 75 x 2,65	7,10	9,04	200	75	2,65	2,65	542,22	54,22
200 x 75 x 3,00	8,01	10,20	200	75	3,00	3	608,93	60,89
200 x 75 x 3,35	8,91	11,36	200	75	3,35	3,35	674,51	67,45
200 x 75 x 3,75	9,94	12,66	200	75	3,75	3,75	748,10	74,81
200 x 75 x 4,25	11,21	14,28	200	75	4,25	4,25	838,04	83,80
200 x 75 x 4,75	12,47	15,88	200	75	4,75	4,75	925,74	92,57
200 x 75 x 6,30	16,29	20,75	200	75	6,30	6,3	1183,54	118,35
200 x 75 x 8,00	20,11	25,62	200	75	8,00	12	1414,39	141,44
200 x 100 x 2,65	8,14	10,37	200	100	2,65	2,65	671,23	67,12
200 x 100 x 3,00	9,19	11,70	200	100	3,00	3	754,46	75,45
200 x 100 x 3,35	10,23	13,03	200	100	3,35	3,35	836,45	83,64
200 x 100 x 3,75	11,41	14,54	200	100	3,75	3,75	928,63	92,86
200 x 100 x 4,25	12,88	16,41	200	100	4,25	4,25	1041,61	104,16
200 x 100 x 4,75	14,33	18,26	200	100	4,75	4,75	1152,09	115,21
200 x 100 x 6,30	18,76	23,90	200	100	6,30	6,3	1479,01	147,90
200 x 100 x 8,00	23,25	29,62	200	100	8,00	12	1783,03	178,30
250 x 100 x 2,65	9,18	11,69	250	100	2,65	2,65	1122,57	89,81
250 x 100 x 3,00	10,37	13,20	250	100	3,00	3	1262,96	101,04
250 x 100 x 3,35	11,54	14,71	250	100	3,35	3,35	1401,53	112,12
250 x 100 x 3,75	12,88	16,41	250	100	3,75	3,75	1557,70	124,62
250 x 100 x 4,25	14,55	18,53	250	100	4,25	4,25	1749,62	139,97
250 x 100 x 4,75	16,20	20,63	250	100	4,75	4,75	1937,89	155,03
250 x 100 x 6,30	21,23	27,05	250	100	6,30	6,3	2498,72	199,90
250 x 100 x 6,35	21,26	27,08	250	100	6,35	9,525	2488,67	199,09
250 x 100 x 8,00	26,39	33,62	250	100	8,00	12	3031,02	242,48
300 x 100 x 2,65		13,02	300	100	2,65	2,65	1720,72	114,71
300 x 100 x 3,00	11,54	14,70	300	100	3,00	3	1937,22	129,15
300 x 100 x 3,35	12,86	16,38	300	100	3,35	3,35	2151,24	143,42
300 x 100 x 3,75	14,36	18,29	300	100	3,75	3,75	2392,81	159,52
300 x 100 x 4,25	16,22	20,66	300	100	4,25	4,25	2690,26	179,35
300 x 100 x 4,75	18,06	23,01	300	100	4,75	4,75	2982,71	198,85
300 x 100 x 6,30	23,70	30,20	300	100	6,30	6,3	3857,91	257,19
300 x 100 x 8,00	29,53	37,62	300	100	8,00	12	4700,96	313,40

Eixo x			Eixo y			torção/empenamento		
r_x cm	X_g cm	x_0 cm	I_y cm^4	W_y cm^3	r_y cm	I_t cm^4	Iw cm^6	r_0 cm
7,35	0,92	2,28	11,74	2,88	1,41	0,078	848,40	7,83
7,34	0,93	2,28	13,11	3,22	1,41	0,111	945,18	7,81
7,32	0,95	2,27	15,24	3,76	1,41	0,181	1095,90	7,79
7,30	0,96	2,26	17,07	4,23	1,40	0,261	1223,68	7,77
7,28	0,98	2,25	18,85	4,68	1,40	0,362	1347,72	7,74
7,25	0,99	2,24	20,83	5,20	1,39	0,505	1484,95	7,72
7,22	1,02	2,23	23,23	5,83	1,38	0,731	1649,85	7,69
7,20	1,04	2,21	25,55	6,45	1,38	1,015	1807,54	7,65
7,10	1,11	2,18	32,20	8,27	1,35	2,326	2252,32	7,55
6,95	1,20	2,15	38,34	10,08	1,33	4,608	2668,14	7,40
7,74	1,72	4,14	47,70	8,26	2,30	0,211	3312,18	9,07
7,72	1,74	4,13	53,58	9,30	2,29	0,306	3710,53	9,05
7,71	1,75	4,12	59,37	10,33	2,29	0,424	4100,12	9,03
7,69	1,77	4,11	65,87	11,50	2,28	0,593	4534,78	9,01
7,66	1,79	4,10	73,83	12,94	2,27	0,859	5062,47	8,98
7,63	1,82	4,09	81,59	14,36	2,27	1,193	5573,07	8,95
7,55	1,89	4,05	104,47	18,61	2,24	2,742	7050,81	8,86
7,43	1,99	4,03	126,56	22,95	2,22	5,461	8497,13	8,74
8,05	2,62	6,19	105,35	14,28	3,19	0,242	7230,50	10,64
8,03	2,64	6,18	118,54	16,10	3,18	0,351	8113,14	10,62
8,01	2,65	6,17	131,57	17,91	3,18	0,487	8979,48	10,60
7,99	2,67	6,16	146,24	19,96	3,17	0,681	9949,85	10,58
7,97	2,70	6,15	164,29	22,49	3,16	0,987	11133,57	10,55
7,94	2,72	6,14	182,00	25,00	3,16	1,372	12285,30	10,53
7,87	2,79	6,11	234,76	32,57	3,13	3,158	15657,61	10,44
7,76	2,90	6,10	286,79	40,39	3,11	6,313	19025,36	10,35
9,80	2,34	5,69	112,63	14,70	3,10	0,273	12228,31	11,75
9,78	2,36	5,68	126,77	16,58	3,10	0,396	13732,54	11,73
9,76	2,37	5,67	140,74	18,45	3,09	0,550	15211,69	11,71
9,74	2,39	5,66	156,50	20,56	3,09	0,769	16871,78	11,68
9,72	2,41	5,65	175,89	23,18	3,08	1,115	18901,83	11,65
9,69	2,43	5,64	194,93	25,76	3,07	1,550	20882,49	11,62
9,61	2,50	5,60	251,83	33,59	3,05	3,575	26716,05	11,54
9,59	2,52	5,61	252,56	33,77	3,05	3,636	26896,67	11,52
9,49	2,60	5,58	308,79	41,74	3,03	7,165	32599,97	11,42
11,50	2,11	5,27	118,43	15,02	3,02	0,304	18787,48	13,00
11,48	2,13	5,26	133,32	16,94	3,01	0,441	21110,31	12,98
11,46	2,15	5,25	148,04	18,85	3,01	0,612	23397,20	12,96
11,44	2,16	5,24	164,65	21,01	3,00	0,856	25967,19	12,93
11,41	2,18	5,23	185,10	23,68	2,99	1,242	29114,97	12,90
11,39	2,21	5,21	205,20	26,33	2,99	1,729	32191,74	12,87
11,30	2,27	5,18	265,33	34,35	2,96	3,991	41288,31	12,78
11,18	2,37	5,15	326,12	42,73	2,94	8,018	50522,51	12,66

Tabela A.3 Perfil U enrijecido – Aço sem revestimento – Dimensões, massas e propriedades geométricas.

Perfil			Dimensões					Eixo x	
Ue	m kg/m	A cm^2	b_w mm	b_f mm	D mm	$t = t_n$ mm	r_i mm	I_x cm^4	W_x cm^3
50 x 25 x 10 x 1,20	1,06	1,35	50	25	10,00	1,20	1,20	5,24	2,09
50 x 25 x 10 x 1,50	1,30	1,65	50	25	10,00	1,50	1,50	6,32	2,53
50 x 25 x 10 x 2,00	1,68	2,14	50	25	10,00	2,00	2,00	7,93	3,17
50 x 25 x 10 x 2,25	1,86	2,37	50	25	10,00	2,25	2,25	8,65	3,46
50 x 25 x 10 x 2,65	2,13	2,72	50	25	10,00	2,65	2,65	9,68	3,87
50 x 25 x 10 x 3,00	2,36	3,01	50	25	10,00	3,00	3,00	10,46	4,18
75 x 40 x 15 x 1,20	1,67	2,13	75	40	15,00	1,20	1,20	19,32	5,15
75 x 40 x 15 x 1,50	2,06	2,63	75	40	15,00	1,50	1,50	23,62	6,30
75 x 40 x 15 x 2,00	2,70	3,44	75	40	15,00	2,00	2,00	30,33	8,09
75 x 40 x 15 x 2,25	3,01	3,83	75	40	15,00	2,25	2,25	33,47	8,93
75 x 40 x 15 x 2,65	3,49	4,44	75	40	15,00	2,65	2,65	38,22	10,19
75 x 40 x 15 x 3,00	3,89	4,96	75	40	15,00	3,00	3,00	42,08	11,22
100 x 40 x 17 x 1,20	1,94	2,47	100	40	17,00	1,20	1,20	38,29	7,66
100 x 40 x 17 x 1,50	2,40	3,06	100	40	17,00	1,50	1,50	46,97	9,39
100 x 40 x 17 x 2,00	3,15	4,02	100	40	17,00	2,00	2,00	60,66	12,13
100 x 40 x 17 x 2,25	3,52	4,48	100	40	17,00	2,25	2,25	67,14	13,43
100 x 40 x 17 x 2,65	4,09	5,21	100	40	17,00	2,65	2,65	77,03	15,41
100 x 40 x 17 x 3,00	4,58	5,83	100	40	17,00	3,00	3,00	85,19	17,04
100 x 40 x 17 x 3,35	5,05	6,43	100	40	17,00	3,35	3,35	92,90	18,58
100 x 50 x 17 x 1,20	2,13	2,71	100	50	17,00	1,20	1,20	44,15	8,83
100 x 50 x 17 x 1,50	2,64	3,36	100	50	17,00	1,50	1,50	54,25	10,85
100 x 50 x 17 x 2,00	3,47	4,42	100	50	17,00	2,00	2,00	70,26	14,05
100 x 50 x 17 x 2,25	3,87	4,93	100	50	17,00	2,25	2,25	77,89	15,58
100 x 50 x 17 x 2,65	4,51	5,74	100	50	17,00	2,65	2,65	89,59	17,92
100 x 50 x 17 x 3,00	5,05	6,43	100	50	17,00	3,00	3,00	99,30	19,86
100 x 50 x 17 x 3,35	5,57	7,10	100	50	17,00	3,35	3,35	108,55	21,71
125 x 50 x 17 x 2,00	3,86	4,92	125	50	17,00	2,00	2,00	118,35	18,94
125 x 50 x 17 x 2,25	4,31	5,49	125	50	17,00	2,25	2,25	131,41	21,03
125 x 50 x 17 x 2,65	5,03	6,40	125	50	17,00	2,65	2,65	151,52	24,24
125 x 50 x 17 x 3,00	5,63	7,18	125	50	17,00	3,00	3,00	168,35	26,94
125 x 50 x 17 x 3,35	6,23	7,94	125	50	17,00	3,35	3,35	184,45	29,51
125 x 50 x 17 x 3,75	6,90	8,79	125	50	17,00	3,75	3,75	201,98	32,32
150 x 60 x 20 x 2,00	4,66	5,94	150	60	20,00	2,00	2,00	207,59	27,68
150 x 60 x 20 x 2,25	5,21	6,64	150	60	20,00	2,25	2,25	231,03	30,80
150 x 60 x 20 x 2,65	6,09	7,75	150	60	20,00	2,65	2,65	267,39	35,65
150 x 60 x 20 x 3,00	6,84	8,71	150	60	20,00	3,00	3,00	298,07	39,74
150 x 60 x 20 x 3,35	7,57	9,65	150	60	20,00	3,35	3,35	327,70	43,69
150 x 60 x 20 x 3,75	8,40	10,70	150	60	20,00	3,75	3,75	360,28	48,04
150 x 60 x 20 x 4,25	9,41	11,99	150	60	20,00	4,25	4,25	399,11	53,22
150 x 60 x 20 x 4,75	10,39	13,24	150	60	20,00	4,75	4,75	435,87	58,12
200 x 75 x 20 x 2,00	5,92	7,54	200	75	20,00	2,00	2,00	467,42	46,74
200 x 75 x 20 x 2,25	6,63	8,44	200	75	20,00	2,25	2,25	521,40	52,14

Eixo x			Eixo y			torção/empenamento		
r_x cm	X_g cm	x_0 cm	I_y cm^4	W_y cm^3	r_y cm	I_t cm^4	Iw cm^6	r_0 cm
1,97	0,93	2,17	1,23	0,78	0,95	0,01	8,13	3,08
1,96	0,93	2,13	1,46	0,93	0,94	0,01	9,62	3,04
1,93	0,93	2,07	1,78	1,13	0,91	0,03	11,68	2,97
1,91	0,93	2,04	1,91	1,22	0,90	0,04	12,53	2,94
1,89	0,92	1,99	2,09	1,33	0,88	0,06	13,66	2,88
1,86	0,92	1,95	2,21	1,40	0,86	0,09	14,45	2,83
3,02	1,51	3,56	5,14	2,06	1,55	0,01	76,95	4,92
3,00	1,51	3,53	6,23	2,50	1,54	0,02	92,87	4,88
2,97	1,50	3,47	7,88	3,15	1,51	0,05	116,73	4,81
2,96	1,50	3,44	8,62	3,45	1,50	0,06	127,47	4,78
2,93	1,50	3,39	9,72	3,89	1,48	0,10	143,09	4,72
2,91	1,50	3,34	10,58	4,23	1,46	0,15	155,27	4,67
3,93	1,38	3,36	6,01	2,29	1,56	0,01	148,49	5,41
3,92	1,38	3,33	7,30	2,78	1,54	0,02	179,90	5,37
3,89	1,38	3,27	9,25	3,53	1,52	0,05	227,57	5,30
3,87	1,37	3,24	10,15	3,87	1,50	0,08	249,31	5,27
3,85	1,37	3,19	11,47	4,37	1,48	0,12	281,34	5,21
3,82	1,37	3,15	12,51	4,76	1,47	0,17	306,71	5,17
3,80	1,37	3,11	13,46	5,12	1,45	0,24	329,71	5,12
4,03	1,79	4,28	10,12	3,15	1,93	0,01	246,61	6,19
4,02	1,79	4,24	12,33	3,84	1,92	0,03	299,85	6,15
3,99	1,78	4,18	15,76	4,90	1,89	0,06	381,65	6,08
3,97	1,78	4,15	17,36	5,39	1,88	0,08	419,43	6,05
3,95	1,78	4,10	19,74	6,13	1,85	0,13	475,74	5,99
3,93	1,78	4,06	21,66	6,72	1,84	0,19	521,00	5,94
3,91	1,77	4,02	23,43	7,26	1,82	0,27	562,68	5,89
4,91	1,61	3,87	17,04	5,03	1,86	0,07	594,42	6,52
4,89	1,61	3,84	18,76	5,54	1,85	0,09	654,38	6,49
4,87	1,61	3,79	21,35	6,29	1,83	0,15	744,30	6,43
4,84	1,61	3,75	23,44	6,91	1,81	0,22	817,11	6,39
4,82	1,60	3,71	25,37	7,47	1,79	0,30	884,65	6,34
4,79	1,60	3,66	27,38	8,06	1,77	0,41	955,66	6,28
5,91	1,93	4,66	30,02	7,37	2,25	0,08	1498,57	7,86
5,90	1,92	4,63	33,19	8,14	2,24	0,11	1655,84	7,83
5,87	1,92	4,59	37,99	9,32	2,21	0,18	1894,61	7,77
5,85	1,92	4,55	41,94	10,28	2,19	0,26	2090,94	7,73
5,83	1,92	4,50	45,65	11,18	2,18	0,36	2275,90	7,68
5,80	1,92	4,46	49,61	12,15	2,15	0,50	2473,81	7,63
5,77	1,91	4,40	54,15	13,25	2,13	0,72	2701,76	7,56
5,74	1,91	4,34	58,24	14,24	2,10	0,99	2909,03	7,49
7,88	2,20	5,42	56,30	10,62	2,73	0,10	4615,39	9,94
7,86	2,20	5,39	62,42	11,77	2,72	0,14	5118,18	9,91

(continua)

(continuação)

Perfil			Dimensões					Eixo x	
Ue	m kg/m	A cm^2	b_w mm	b_f mm	D mm	$t = t_n$ mm	r_i mm	I_x cm^4	W_x cm^3
200 x 75 x 25 x 2,65	7,96	10,14	200	75	25,00	2,65	2,65	621,67	62,17
200 x 75 x 25 x 3,00	8,96	11,41	200	75	25,00	3,00	3,00	695,55	69,55
200 x 75 x 25 x 3,35	9,94	12,66	200	75	25,00	3,35	3,35	767,54	76,75
200 x 75 x 25 x 3,75	11,05	14,08	200	75	25,00	3,75	3,75	847,53	84,75
200 x 75 x 25 x 4,25	12,41	15,81	200	75	25,00	4,25	4,25	944,12	94,41
200 x 75 x 25 x 4,75	13,75	17,52	200	75	25,00	4,75	4,75	1036,95	103,69
200 x 75 x 30 x 6,30	18,23	23,22	200	75	30,00	6,30	6,30	1334,38	133,44
200 x 100 x 25 x 2,65	9,00	11,46	200	100	25,00	2,65	2,65	750,68	75,07
200 x 100 x 25 x 3,00	10,13	12,91	200	100	25,00	3,00	3,00	841,08	84,11
200 x 100 x 25 x 3,35	11,25	14,34	200	100	25,00	3,35	3,35	929,48	92,95
200 x 100 x 25 x 3,75	12,52	15,95	200	100	25,00	3,75	3,75	1028,07	102,81
200 x 100 x 25 x 4,25	14,08	17,94	200	100	25,00	4,25	4,25	1147,68	114,77
200 x 100 x 25 x 4,75	15,62	19,89	200	100	25,00	4,75	4,75	1263,30	126,33
250 x 85 x 25 x 2,00	7,17	9,14	250	85	25,00	2,00	2,00	871,52	69,72
250 x 85 x 25 x 2,25	8,04	10,24	250	85	25,00	2,25	2,25	973,59	77,89
250 x 85 x 25 x 2,65	9,41	11,99	250	85	25,00	2,65	2,65	1133,79	90,70
250 x 85 x 25 x 3,00	10,60	13,51	250	85	25,00	3,00	3,00	1270,81	101,67
250 x 85 x 25 x 3,35	11,78	15,01	250	85	25,00	3,35	3,35	1404,92	112,39
250 x 85 x 25 x 3,75	13,11	16,70	250	85	25,00	3,75	3,75	1554,63	124,37
250 x 85 x 25 x 4,25	14,75	18,79	250	85	25,00	4,25	4,25	1736,46	138,92
250 x 85 x 25 x 4,75	16,36	20,84	250	85	25,00	4,75	4,75	1912,44	153,00
250 x 85 x 25 x 6,30	21,20	27,00	250	85	25,00	6,30	6,30	2421,27	193,70
250 x 100 x 25 x 2,65	10,04	12,79	250	100	25,00	2,65	2,65	1255,39	100,43
250 x 100 x 25 x 3,00	11,31	14,41	250	100	25,00	3,00	3,00	1408,08	112,65
250 x 100 x 25 x 3,35	12,57	16,01	250	100	25,00	3,35	3,35	1557,77	124,62
250 x 100 x 25 x 3,75	13,99	17,83	250	100	25,00	3,75	3,75	1725,17	138,01
250 x 100 x 25 x 4,25	15,75	20,06	250	100	25,00	4,25	4,25	1928,96	154,32
250 x 100 x 25 x 4,75	17,48	22,27	250	100	25,00	4,75	4,75	2126,71	170,14
300 x 85 x 25 x 2,00	7,96	10,14	300	85	25,00	2,00	2,00	1339,09	89,27
300 x 85 x 25 x 2,25	8,92	11,37	300	85	25,00	2,25	2,25	1496,84	99,79
300 x 85 x 25 x 2,65	10,45	13,32	300	85	25,00	2,65	2,65	1744,85	116,32
300 x 85 x 25 x 3,00	11,78	15,01	300	85	25,00	3,00	3,00	1957,43	130,50
300 x 85 x 25 x 3,35	13,10	16,68	300	85	25,00	3,35	3,35	2165,90	144,39
300 x 85 x 25 x 3,75	14,58	18,58	300	85	25,00	3,75	3,75	2399,14	159,94
300 x 85 x 25 x 4,25	16,42	20,91	300	85	25,00	4,25	4,25	2683,21	178,88
300 x 85 x 25 x 4,75	18,23	23,22	300	85	25,00	4,75	4,75	2959,01	197,27
300 x 85 x 25 x 6,30	23,67	30,15	300	85	25,00	6,30	6,30	3762,03	250,80
300 x 100 x 25 x 2,65	11,08	14,11	300	100	25,00	2,65	2,65	1920,58	128,04
300 x 100 x 25 x 3,00	12,49	15,91	300	100	25,00	3,00	3,00	2155,90	143,73
300 x 100 x 25 x 3,35	13,88	17,69	300	100	25,00	3,35	3,35	2387,01	159,13
300 x 100 x 25 x 3,75	15,46	19,70	300	100	25,00	3,75	3,75	2645,98	176,40
300 x 100 x 25 x 4,25	17,42	22,19	300	100	25,00	4,25	4,25	2962,01	197,47
300 x 100 x 25 x 4,75	19,34	24,64	300	100	25,00	4,75	4,75	3269,56	217,97

Eixo x			Eixo y			torção/empenamento		
r_x cm	X_g cm	x_0 cm	I_y cm^4	W_y cm^3	r_y cm	I_t cm^4	Iw cm^6	r_0 cm
7,83	2,33	5,67	78,69	15,23	2,79	0,24	6862,49	10,06
7,81	2,33	5,63	87,35	16,90	2,77	0,34	7616,73	10,02
7,79	2,33	5,59	95,62	18,49	2,75	0,47	8338,10	9,97
7,76	2,33	5,54	104,61	20,22	2,73	0,66	9123,30	9,92
7,73	2,32	5,48	115,16	22,25	2,70	0,95	10047,64	9,85
7,69	2,32	5,42	124,95	24,13	2,67	1,32	10910,56	9,79
7,58	2,45	5,56	165,28	32,70	2,67	3,07	15417,11	9,77
8,09	3,31	7,89	157,20	23,51	3,70	0,27	13447,29	11,89
8,07	3,31	7,84	175,17	26,18	3,68	0,39	14970,33	11,84
8,05	3,31	7,80	192,50	28,76	3,66	0,54	16438,12	11,79
8,03	3,30	7,75	211,55	31,59	3,64	0,75	18049,40	11,74
8,00	3,30	7,69	234,22	34,95	3,61	1,08	19966,65	11,67
7,97	3,29	7,63	255,66	38,13	3,59	1,49	21779,32	11,60
9,77	2,43	6,09	88,98	14,67	3,12	0,12	11477,06	11,93
9,75	2,43	6,06	98,87	16,29	3,11	0,17	12755,84	11,89
9,72	2,43	6,02	114,13	18,80	3,08	0,28	14733,46	11,84
9,70	2,43	5,97	126,92	20,91	3,07	0,40	16396,10	11,80
9,68	2,43	5,93	139,21	22,92	3,05	0,56	17996,84	11,75
9,65	2,43	5,89	152,64	25,13	3,02	0,78	19752,09	11,70
9,61	2,42	5,83	168,51	27,73	2,99	1,13	21837,62	11,63
9,58	2,42	5,77	183,39	30,17	2,97	1,57	23805,91	11,57
9,47	2,41	5,59	223,39	36,70	2,88	3,57	29200,14	11,37
9,91	2,98	7,29	169,21	24,11	3,64	0,30	21574,59	12,83
9,89	2,98	7,25	188,58	26,86	3,62	0,43	24048,03	12,78
9,86	2,98	7,21	207,28	29,52	3,60	0,60	26438,85	12,73
9,84	2,98	7,16	227,83	32,43	3,58	0,83	29072,02	12,68
9,81	2,97	7,10	252,32	35,90	3,55	1,21	32218,03	12,61
9,77	2,97	7,04	275,49	39,18	3,52	1,67	35206,53	12,55
11,49	2,20	5,64	93,89	14,91	3,04	0,14	17055,02	13,16
11,48	2,20	5,62	104,32	16,57	3,03	0,19	18966,44	13,13
11,45	2,20	5,57	120,43	19,12	3,01	0,31	21927,55	13,08
11,42	2,20	5,53	133,94	21,26	2,99	0,45	24422,19	13,04
11,39	2,20	5,49	146,91	23,32	2,97	0,62	26828,70	12,99
11,36	2,20	5,45	161,08	25,57	2,94	0,87	29473,26	12,94
11,33	2,20	5,39	177,84	28,22	2,92	1,26	32623,96	12,88
11,29	2,20	5,33	193,55	30,71	2,89	1,74	35606,89	12,82
11,17	2,19	5,16	235,82	37,40	2,80	3,98	43837,92	12,62
11,67	2,72	6,79	178,97	24,57	3,56	0,33	32115,67	13,96
11,64	2,71	6,75	199,46	27,37	3,54	0,48	35827,35	13,91
11,62	2,71	6,71	219,25	30,08	3,52	0,66	39422,06	13,87
11,59	2,71	6,66	241,02	33,06	3,50	0,92	43389,66	13,82
11,55	2,71	6,60	266,95	36,61	3,47	1,33	48142,60	13,75
11,52	2,70	6,54	291,49	39,96	3,44	1,85	52671,43	13,69

Tabela A.4 Perfil Z enrijecido a 90° – Aço sem revestimento – Dimensões, massas e propriedades geométricas.

Perfil			Dimensões					Eixo x
Z90	m kg/m	A cm²	b_w mm	b_f mm	D mm	$t = t_n$ mm	r_i mm	I_x cm⁴
50 x 25 x 10 x 1,20	1,06	1,35	50	25	10,00	1,20	1,20	5,24
50 x 25 x 10 x 1,50	1,30	1,65	50	25	10,00	1,50	1,50	6,32
50 x 25 x 10 x 2,00	1,68	2,14	50	25	10,00	2,00	2,00	7,93
50 x 25 x 10 x 2,25	1,86	2,37	50	25	10,00	2,25	2,25	8,65
50 x 25 x 10 x 2,65	2,13	2,72	50	25	10,00	2,65	2,65	9,68
50 x 25 x 10 x 3,00	2,36	3,01	50	25	10,00	3,00	3,00	10,46
75 x 40 x 15 x 1,20	1,67	2,13	75	40	15,00	1,20	1,20	19,32
75 x 40 x 15 x 1,50	2,06	2,63	75	40	15,00	1,50	1,50	23,62
75 x 40 x 15 x 2,00	2,70	3,44	75	40	15,00	2,00	2,00	30,33
75 x 40 x 15 x 2,25	3,01	3,83	75	40	15,00	2,25	2,25	33,47
75 x 40 x 15 x 2,65	3,49	4,44	75	40	15,00	2,65	2,65	38,22
75 x 40 x 15 x 3,00	3,89	4,96	75	40	15,00	3,00	3,00	42,08
100 x 50 x 17 x 1,20	2,13	2,71	100	50	17,00	1,20	1,20	44,15
100 x 50 x 17 x 1,50	2,64	3,36	100	50	17,00	1,50	1,50	54,25
100 x 50 x 17 x 2,00	3,47	4,42	100	50	17,00	2,00	2,00	70,26
100 x 50 x 17 x 2,25	3,87	4,93	100	50	17,00	2,25	2,25	77,89
100 x 50 x 17 x 2,65	4,51	5,74	100	50	17,00	2,65	2,65	89,59
100 x 50 x 17 x 3,00	5,05	6,43	100	50	17,00	3,00	3,00	99,30
100 x 50 x 17 x 3,35	5,57	7,10	100	50	17,00	3,35	3,35	108,55
125 x 50 x 17 x 2,00	3,86	4,92	125	50	17,00	2,00	2,00	118,35
125 x 50 x 17 x 2,25	4,31	5,49	125	50	17,00	2,25	2,25	131,41
125 x 50 x 17 x 2,65	5,03	6,40	125	50	17,00	2,65	2,65	151,52
125 x 50 x 17 x 3,00	5,63	7,18	125	50	17,00	3,00	3,00	168,35
125 x 50 x 17 x 3,35	6,23	7,94	125	50	17,00	3,35	3,35	184,45
125 x 50 x 20 x 3,75	7,08	9,01	125	50	20,00	3,75	3,75	206,34
150 x 60 x 20 x 2,00	4,66	5,94	150	60	20,00	2,00	2,00	207,59
150 x 60 x 20 x 2,25	5,21	6,64	150	60	20,00	2,25	2,25	231,03
150 x 60 x 20 x 2,65	6,09	7,75	150	60	20,00	2,65	2,65	267,39
150 x 60 x 20 x 3,00	6,84	8,71	150	60	20,00	3,00	3,00	298,07
150 x 60 x 20 x 3,35	7,57	9,65	150	60	20,00	3,35	3,35	327,70
150 x 60 x 20 x 3,75	8,40	10,70	150	60	20,00	3,75	3,75	360,28
150 x 60 x 20 x 4,25	9,41	11,99	150	60	20,00	4,25	4,25	399,11
150 x 60 x 20 x 4,75	10,39	13,24	150	60	20,00	4,75	4,75	435,87
200 x 75 x 20 x 2,00	5,92	7,54	200	75	20,00	2,00	2,00	467,42
200 x 75 x 20 x 2,25	6,63	8,44	200	75	20,00	2,25	2,25	521,40
200 x 75 x 25 x 2,65	7,96	10,14	200	75	25,00	2,65	2,65	621,67
200 x 75 x 25 x 3,00	8,96	11,41	200	75	25,00	3,00	3,00	695,55
200 x 75 x 25 x 3,35	9,94	12,66	200	75	25,00	3,35	3,35	767,54
200 x 75 x 25 x 3,75	11,05	14,08	200	75	25,00	3,75	3,75	847,53
200 x 75 x 25 x 4,25	12,41	15,81	200	75	25,00	4,25	4,25	944,12
200 x 75 x 25 x 4,75	13,75	17,52	200	75	25,00	4,75	4,75	1036,95

Eixo x		Eixo y			Eixos principais				torção/empenamento		
W_x cm^3	r_x cm	I_y cm^4	W_y cm^3	r_y cm	I_{xy} cm^4	I_1 cm^4	I_2 cm^4	α_p graus	I_t cm^4	Iw cm^6	r_0 cm
2,09	1,97	2,25	0,92	1,29	2,61	6,75	0,74	30,09	0,006	9,83	2,36
2,53	1,96	2,66	1,10	1,27	3,12	8,11	0,88	29,83	0,012	11,66	2,33
3,17	1,93	3,24	1,35	1,23	3,86	10,10	1,07	29,38	0,028	14,23	2,29
3,46	1,91	3,48	1,46	1,21	4,18	10,98	1,15	29,16	0,040	15,30	2,26
3,87	1,89	3,79	1,60	1,18	4,63	12,22	1,25	28,78	0,064	16,75	2,23
4,18	1,86	4,00	1,70	1,15	4,95	13,14	1,32	28,45	0,090	17,77	2,19
5,15	3,02	9,59	2,43	2,12	10,38	25,92	2,99	32,44	0,010	92,53	3,69
6,30	3,00	11,60	2,96	2,10	12,63	31,60	3,62	32,28	0,020	111,89	3,66
8,09	2,97	14,64	3,75	2,06	16,10	40,39	4,58	32,00	0,046	141,08	3,62
8,93	2,96	16,01	4,12	2,04	17,69	44,47	5,01	31,86	0,065	154,31	3,59
10,19	2,93	18,01	4,66	2,01	20,07	50,58	5,64	31,64	0,104	173,68	3,56
11,22	2,91	19,57	5,08	1,99	21,98	55,52	6,13	31,44	0,149	188,89	3,53
8,83	4,03	18,22	3,69	2,59	21,58	56,36	6,01	29,50	0,013	309,43	4,79
10,85	4,02	22,18	4,50	2,57	26,40	69,10	7,32	29,36	0,025	376,77	4,77
14,05	3,99	28,27	5,77	2,53	33,95	89,19	9,35	29,13	0,059	480,70	4,72
15,58	3,97	31,09	6,36	2,51	37,50	98,69	10,29	29,02	0,083	528,92	4,70
17,92	3,95	35,29	7,25	2,48	42,87	113,18	11,69	28,83	0,134	601,08	4,66
19,86	3,93	38,66	7,97	2,45	47,27	125,14	12,82	28,66	0,193	659,37	4,63
21,71	3,91	41,76	8,64	2,42	51,40	136,44	13,86	28,49	0,265	713,32	4,60
18,94	4,91	28,27	5,77	2,40	43,24	135,74	10,87	21,92	0,065	781,27	5,46
21,03	4,89	31,09	6,36	2,38	47,79	150,53	11,97	21,81	0,093	860,79	5,44
24,24	4,87	35,29	7,25	2,35	54,68	173,21	13,61	21,63	0,150	980,36	5,40
26,94	4,84	38,66	7,97	2,32	60,34	192,08	14,93	21,47	0,215	1077,50	5,37
29,51	4,82	41,76	8,64	2,29	65,65	210,06	16,15	21,31	0,297	1167,89	5,34
33,01	4,78	49,78	10,34	2,35	75,90	237,09	19,03	22,06	0,422	1417,56	5,33
27,68	5,91	49,80	8,44	2,90	75,99	238,24	19,15	21,96	0,079	1973,35	6,58
30,80	5,90	54,98	9,34	2,88	84,24	264,84	21,17	21,87	0,112	2181,92	6,64
35,65	5,87	62,82	10,71	2,85	96,88	305,99	24,22	21,72	0,181	2499,28	6,83
39,74	5,85	69,22	11,83	2,82	107,39	340,57	26,72	21,59	0,261	2760,89	7,15
43,69	5,83	75,22	12,90	2,79	117,39	373,84	29,07	21,46	0,361	3007,95	7,60
48,04	5,80	81,58	14,03	2,76	128,21	410,29	31,57	21,31	0,501	3273,04	8,14
53,22	5,77	88,81	15,35	2,72	140,84	453,50	34,42	21,12	0,721	3579,42	8,76
58,12	5,74	95,27	16,53	2,68	152,50	494,16	36,97	20,92	0,995	3859,14	9,44
46,74	7,88	89,55	12,10	3,45	151,43	520,62	36,35	19,36	0,100	6269,45	12,45
52,14	7,86	99,17	13,42	3,43	168,30	580,27	40,29	19,28	0,142	6955,17	13,17
62,17	7,83	127,73	17,34	3,55	209,22	698,38	51,02	20,13	0,237	9114,36	13,96
69,55	7,81	141,57	19,26	3,52	232,98	780,50	56,62	20,03	0,342	10122,78	14,74
76,75	7,79	154,74	21,10	3,50	255,88	860,33	61,95	19,93	0,473	11088,78	15,55
84,75	7,76	169,00	23,11	3,47	281,00	948,79	67,74	19,82	0,659	12142,07	16,38
94,41	7,73	185,64	25,47	3,43	310,85	1055,24	74,52	19,67	0,951	13384,69	17,22
103,69	7,69	201,01	27,68	3,39	339,02	1157,15	80,80	19,52	1,316	14547,60	18,07

(continua)

(continuação)

Perfil				Dimensões					Eixo x
Z90	m kg/m	A cm^2	b_w mm	b_f mm	D mm	$t = t_n$ mm	r_i mm	I_x cm^4
200 x 75 x 30 x 6,30	18,23	23,22	200	75	30,00	6,30	6,30	1334,38
250 x 85 x 25 x 2,00	7,17	9,14	250	85	25,00	2,00	2,00	871,52
250 x 85 x 25 x 2,25	8,04	10,24	250	85	25,00	2,25	2,25	973,59
250 x 85 x 25 x 2,65	9,41	11,99	250	85	25,00	2,65	2,65	1133,79
250 x 85 x 25 x 3,00	10,60	13,51	250	85	25,00	3,00	3,00	1270,81
250 x 85 x 25 x 3,35	11,78	15,01	250	85	25,00	3,35	3,35	1404,92
250 x 85 x 25 x 3,75	13,11	16,70	250	85	25,00	3,75	3,75	1554,63
250 x 85 x 25 x 4,25	14,75	18,79	250	85	25,00	4,25	4,25	1736,46
250 x 85 x 25 x 4,75	16,36	20,84	250	85	25,00	4,75	4,75	1912,44
250 x 85 x 30 x 6,30	21,69	27,63	250	85	30,00	6,30	6,30	2481,17
300 x 85 x 25 x 2,00	7,96	10,14	300	85	25,00	2,00	2,00	1339,09
300 x 85 x 25 x 2,25	8,92	11,37	300	85	25,00	2,25	2,25	1496,84
300 x 85 x 25 x 2,65	10,45	13,32	300	85	25,00	2,65	2,65	1744,85
300 x 85 x 25 x 3,00	11,78	15,01	300	85	25,00	3,00	3,00	1957,43
300 x 85 x 25 x 3,35	13,10	16,68	300	85	25,00	3,35	3,35	2165,90
300 x 85 x 25 x 3,75	14,58	18,58	300	85	25,00	3,75	3,75	2399,14
300 x 85 x 25 x 4,25	16,42	20,91	300	85	25,00	4,25	4,25	2683,21
300 x 85 x 25 x 4,75	18,23	23,22	300	85	25,00	4,75	4,75	2959,01
300 x 85 x 30 x 6,30	24,16	30,78	300	85	30,00	6,30	6,30	3856,59

Tabela A.5 – Perfil Z enrijecido a 45° – Aço sem revestimento – Dimensões, massas e propriedades geométricas.

Perfil			Dimensões					Eixo x
Z45	m kg/m	A cm^2	b_w mm	b_f mm	D mm	$t = t_n$ mm	r_i mm	I_x cm^4
100 x 50 x 17 x 1,20	2,16	2,75	100	50	17	1,20	1,20	45,64
100 x 50 x 17 x 1,50	2,68	3,41	100	50	17	1,50	1,50	56,32
100 x 50 x 17 x 2,00	3,54	4,51	100	50	17	2,00	2,00	73,48
100 x 50 x 17 x 2,25	3,96	5,05	100	50	17	2,25	2,25	81,76
100 x 50 x 17 x 2,65	4,63	5,90	100	50	17	2,65	2,65	94,62
100 x 50 x 17 x 3,00	5,21	6,64	100	50	17	3,00	3,00	105,46
100 x 50 x 17 x 3,35	5,78	7,36	100	50	17	3,35	3,35	115,93
125 x 50 x 17 x 2,00	3,93	5,01	125	50	17	2,00	2,00	123,16
125 x 50 x 17 x 2,25	4,41	5,61	125	50	17	2,25	2,25	137,24
125 x 50 x 17 x 2,65	5,15	6,57	125	50	17	2,65	2,65	159,17
125 x 50 x 17 x 3,00	5,80	7,39	125	50	17	3,00	3,00	177,77
125 x 50 x 17 x 3,35	6,44	8,20	125	50	17	3,35	3,35	195,81
125 x 50 x 20 x 3,75	7,33	9,34	125	50	20	3,75	3,75	220,97
150 x 60 x 20 x 2,00	4,73	6,03	150	60	20	2,00	2,00	214,96

Eixo x		Eixo y			Eixos principais				torção/empenamento		
W_x cm^3	r_x cm	I_y cm^4	W_y cm^3	r_y cm	I_{xy} cm^4	I_1 cm^4	I_2 cm^4	α_p graus	I_t cm^4	Iw cm^6	r_0 cm
133,44	7,58	270,65	37,67	3,41	447,34	1497,49	107,54	20,03	3,069	20067,02	18,92
69,72	9,77	138,72	16,51	3,90	254,77	951,39	58,85	17,41	0,122	15549,20	21,72
77,89	9,75	153,98	18,36	3,88	283,66	1062,19	65,38	17,35	0,173	17286,59	22,59
90,70	9,72	177,46	21,21	3,85	328,57	1235,79	75,45	17,25	0,280	19975,60	23,46
101,67	9,70	197,08	23,60	3,82	366,53	1384,00	83,89	17,16	0,405	22238,44	24,34
112,39	9,68	215,85	25,91	3,79	403,27	1528,78	91,99	17,07	0,561	24418,96	25,24
124,37	9,65	236,29	28,43	3,76	443,78	1690,09	100,83	16,97	0,782	26812,22	26,14
138,92	9,61	260,34	31,41	3,72	492,22	1885,53	111,26	16,85	1,130	29659,10	27,04
153,00	9,58	282,76	34,22	3,68	538,26	2074,17	121,03	16,72	1,566	32349,46	27,95
198,49	9,48	381,34	46,59	3,72	714,53	2701,25	161,26	17,12	3,652	44495,90	28,85
89,27	11,49	138,72	16,51	3,70	308,07	1413,53	64,28	13,59	0,135	23233,54	12,07
99,79	11,48	153,98	18,36	3,68	343,06	1579,41	71,41	13,53	0,192	25840,30	12,09
116,32	11,45	177,46	21,21	3,65	397,47	1839,88	82,43	13,45	0,311	29879,80	12,18
130,50	11,42	197,08	23,60	3,62	443,49	2062,85	91,66	13,37	0,450	33284,07	12,35
144,39	11,39	215,85	25,91	3,60	488,05	2281,23	100,52	13,30	0,623	36569,06	12,60
159,94	11,36	236,29	28,43	3,57	537,22	2525,23	110,20	13,21	0,870	40180,08	12,92
178,88	11,33	260,34	31,41	3,53	596,06	2821,90	121,64	13,10	1,258	44483,73	13,29
197,27	11,29	282,76	34,22	3,49	652,04	3109,41	132,35	12,99	1,744	48559,72	13,73
257,11	11,19	381,34	46,59	3,52	868,59	4061,59	176,34	13,28	4,068	66673,30	14,20

Eixo x		Eixo y			Eixos principais				torção/empenamento		
W_x cm^3	rx cm	I_y cm^4	W_y cm^3	r_y cm	I_{xy} cm^4	I_1 cm^4	I_2 cm^4	α_p graus	I_t cm^4	Iw cm^6	r_0 cm
9,13	4,08	21,69	3,52	2,81	23,86	60,36	6,97	31,67	0,013	348,63	4,95
11,26	4,06	26,76	4,35	2,80	29,47	74,51	8,57	31,68	0,026	427,86	4,93
14,70	4,04	34,91	5,69	2,78	38,52	97,27	11,11	31,70	0,061	553,20	4,90
16,35	4,02	38,84	6,34	2,77	42,91	108,28	12,32	31,71	0,087	612,81	4,89
18,92	4,00	44,94	7,36	2,76	49,74	125,37	14,18	31,73	0,142	704,06	4,86
21,09	3,99	50,09	8,22	2,75	55,52	139,82	15,73	31,75	0,205	779,84	4,84
23,19	3,97	55,06	9,05	2,73	61,13	153,78	17,21	31,77	0,285	851,94	4,82
19,71	4,96	34,91	5,69	2,64	48,91	144,91	13,16	23,97	0,068	906,16	5,62
21,96	4,94	38,84	6,34	2,63	54,51	161,47	14,61	23,97	0,097	1004,94	5,60
25,47	4,92	44,94	7,36	2,62	63,24	187,27	16,84	23,96	0,157	1156,69	5,58
28,44	4,91	50,09	8,22	2,60	70,65	209,15	18,71	23,95	0,228	1283,27	5,55
31,33	4,89	55,06	9,05	2,59	77,85	230,38	20,49	23,94	0,316	1404,19	5,53
35,36	4,86	68,61	10,92	2,71	92,31	264,48	25,11	25,23	0,453	1763,60	5,57
28,66	5,97	60,37	8,22	3,16	84,89	252,47	22,86	23,84	0,082	2263,16	6,76

(continua)

(continuação)

Perfil						Dimensões					Eixo x
Z45				m kg/m	A cm^2	b_w mm	b_f mm	D mm	$t = t_n$ mm	r_i mm	I_x cm^4
150	60	20	2,25	5,31	6,76	150	60	20	2,25	2,25	239,92
150	60	20	2,65	6,21	7,92	150	60	20	2,65	2,65	279,00
150	60	20	3,00	7,00	8,92	150	60	20	3,00	3,00	312,32
150	60	20	3,35	7,78	9,91	150	60	20	3,35	3,35	344,85
150	60	20	3,75	8,66	11,03	150	60	20	3,75	3,75	381,05
150	60	20	4,25	9,74	12,41	150	60	20	4,25	4,25	424,86
150	60	20	4,75	10,81	13,77	150	60	20	4,75	4,75	467,08
200	75	20	2,00	5,99	7,63	200	75	20	2,00	2,00	479,72
200	75	20	2,25	6,72	8,56	200	75	20	2,25	2,25	536,37
200	75	25	2,65	8,09	10,30	200	75	25	2,65	2,65	643,82
200	75	25	3,00	9,12	11,62	200	75	25	3,00	3,00	722,65
200	75	25	3,35	10,15	12,92	200	75	25	3,35	3,35	800,06
200	75	25	3,75	11,31	14,40	200	75	25	3,75	3,75	886,80
200	75	25	4,25	12,74	16,23	200	75	25	4,25	4,25	992,66
200	75	25	4,75	14,16	18,04	200	75	25	4,75	4,75	1095,68
200	75	30	6,30	18,95	24,15	200	75	30	6,30	6,30	1435,93
250	85	25	2,00	7,25	9,23	250	85	25	2,00	2,00	892,39
250	85	25	2,25	8,13	10,36	250	85	25	2,25	2,25	998,85
250	85	25	2,65	9,54	12,16	250	85	25	2,65	2,65	1166,87
250	85	25	3,00	10,77	13,72	250	85	25	3,00	3,00	1311,56
250	85	25	3,35	11,99	15,27	250	85	25	3,35	3,35	1454,08
250	85	25	3,75	13,37	17,03	250	85	25	3,75	3,75	1614,31
250	85	25	4,25	15,08	19,21	250	85	25	4,25	4,25	1810,68
250	85	25	4,75	16,77	21,37	250	85	25	4,75	4,75	2002,70
250	85	30	6,30	22,42	28,56	250	85	30	6,30	6,30	2637,93
300	85	25	2,00	8,03	10,23	300	85	25	2,00	2,00	1367,81
300	85	25	2,25	9,02	11,49	300	85	25	2,25	2,25	1531,78
300	85	25	2,65	10,58	13,48	300	85	25	2,65	2,65	1790,92
300	85	25	3,00	11,95	15,22	300	85	25	3,00	3,00	2014,44
300	85	25	3,35	13,30	16,94	300	85	25	3,35	3,35	2234,97
300	85	25	3,75	14,84	18,90	300	85	25	3,75	3,75	2483,35
300	85	25	4,25	16,75	21,33	300	85	25	4,25	4,25	2788,37
300	85	25	4,75	18,64	23,74	300	85	25	4,75	4,75	3087,37
300	85	30	6,30	24,89	31,71	300	85	30	6,30	6,30	4080,10

Eixo x		Eixo y				Eixos principais			torção/empenamento		
W_x cm^3	rx cm	I_y cm^4	W_y cm^3	r_y cm	I_{xy} cm^4	I_1 cm^4	I_2 cm^4	α_p graus	I_t cm^4	Iw cm^6	r_0 cm
31,99	5,96	67,29	9,17	3,16	94,75	281,78	25,43	23,83	0,116	2515,89	6,74
37,20	5,94	78,09	10,67	3,14	110,21	327,66	29,43	23,83	0,189	2907,01	6,72
41,64	5,92	87,27	11,94	3,13	123,39	366,79	32,80	23,82	0,274	3236,12	6,69
45,98	5,90	96,19	13,18	3,12	136,27	404,99	36,05	23,81	0,380	3553,23	6,67
50,81	5,88	106,07	14,57	3,10	150,62	447,50	39,62	23,80	0,532	3901,28	6,65
56,65	5,85	117,97	16,24	3,08	168,01	498,95	43,88	23,80	0,772	4315,32	6,61
62,28	5,82	129,38	17,85	3,07	184,79	548,55	47,91	23,79	1,074	4706,62	6,58
47,97	7,93	103,72	11,73	3,69	164,81	541,73	41,71	20,62	0,103	6955,24	8,74
53,64	7,92	115,79	13,11	3,68	184,23	605,66	46,51	20,61	0,146	7749,54	8,73
64,38	7,91	155,54	16,95	3,89	234,30	738,06	61,30	21,91	0,245	10498,69	8,81
72,26	7,89	174,27	19,02	3,87	262,96	828,36	68,56	21,90	0,355	11730,61	8,79
80,01	7,87	192,60	21,05	3,86	291,10	917,03	75,63	21,89	0,493	12928,20	8,76
88,68	7,85	213,06	23,32	3,85	322,64	1016,38	83,48	21,88	0,690	14255,53	8,74
99,27	7,82	237,89	26,09	3,83	361,13	1137,60	92,94	21,87	1,002	15853,84	8,71
109,57	7,79	261,93	28,78	3,81	398,59	1255,57	102,03	21,86	1,396	17385,95	8,67
143,59	7,71	381,48	40,59	3,97	552,35	1672,28	145,12	23,17	3,315	25326,36	8,68
71,39	9,83	161,45	15,83	4,18	277,15	985,59	68,24	18,59	0,124	17401,66	10,69
79,91	9,82	180,43	17,71	4,17	310,11	1103,08	76,20	18,58	0,177	19418,27	10,67
93,35	9,80	210,25	20,67	4,16	362,07	1288,46	88,67	18,56	0,288	22573,98	10,64
104,92	9,78	235,81	23,21	4,15	406,77	1448,05	99,32	18,55	0,417	25264,61	10,62
116,33	9,76	260,87	25,70	4,13	450,76	1605,22	109,72	18,54	0,580	27890,24	10,60
129,15	9,74	288,89	28,50	4,12	500,18	1781,89	121,32	18,52	0,813	30812,53	10,57
144,85	9,71	323,02	31,93	4,10	560,68	1998,32	135,38	18,50	1,181	34349,63	10,54
160,22	9,68	356,16	35,26	4,08	619,77	2209,91	148,96	18,49	1,645	37760,47	10,51
211,03	9,61	514,63	49,49	4,25	858,68	2941,72	210,84	19,48	3,898	54497,80	10,51
91,19	11,56	161,45	15,83	3,97	334,67	1454,43	74,82	14,51	0,138	26081,91	12,23
102,12	11,55	180,43	17,71	3,96	374,53	1628,64	83,57	14,50	0,196	29115,16	12,21
119,39	11,53	210,25	20,67	3,95	437,41	1903,89	97,29	14,48	0,319	33866,75	12,18
134,30	11,51	235,81	23,21	3,94	491,53	2141,24	109,01	14,46	0,462	37923,02	12,16
149,00	11,49	260,87	25,70	3,92	544,82	2375,35	120,49	14,45	0,643	41885,94	12,14
165,56	11,46	288,89	28,50	3,91	604,72	2638,95	133,29	14,43	0,901	46302,22	12,11
185,89	11,43	323,02	31,93	3,89	678,09	2962,57	148,82	14,41	1,309	51655,99	12,08
205,82	11,40	356,16	35,26	3,87	749,82	3279,68	163,85	14,39	1,824	56827,84	12,04
272,01	11,34	514,63	49,49	4,03	1042,00	4362,29	232,44	15,15	4,314	81938,46	12,04

Tabela A.6 Perfil cartola – Aço sem revestimento – Dimensões, massas e propriedades geométricas.

Perfil			Dimensões				
Cr	m kg/m	A cm^2	b_w mm	b_f mm	D mm	$t = t_n$ mm	r_i mm
50 x 100 x 20 x 2,00	3,56	4,54	50	100	20	2,00	2,00
50 x 100 x 20 x 2,25	3,98	5,07	50	100	20	2,25	2,25
50 x 100 x 20 x 2,65	4,63	5,90	50	100	20	2,65	2,65
50 x 100 x 20 x 3,00	5,19	6,61	50	100	20	3,00	3,00
50 x 100 x 20 x 3,35	5,73	7,30	50	100	20	3,35	3,35
67 x 134 x 30 x 3,00	7,26	9,25	67	134	30	3,00	3,00
67 x 134 x 30 x 3,75	8,93	11,38	67	134	30	3,75	3,75
67 x 134 x 30 x 4,75	11,07	14,10	67	134	30	4,75	4,75
75 x 75 x 20 x 2,00	3,95	5,04	75	75	20	2,00	2,00
75 x 75 x 20 x 2,25	4,42	5,63	75	75	20	2,25	2,25
75 x 75 x 20 x 2,65	5,15	6,56	75	75	20	2,65	2,65
75 x 75 x 20 x 3,00	5,78	7,36	75	75	20	3,00	3,00
75 x 75 x 20 x 3,35	6,39	8,14	75	75	20	3,35	3,35
75 x 100 x 20 x 2,00	4,35	5,54	75	100	20	2,00	2,00
75 x 100 x 20 x 2,25	4,86	6,19	75	100	20	2,25	2,25
75 x 100 x 20 x 2,65	5,67	7,22	75	100	20	2,65	2,65
75 x 100 x 20 x 3,00	6,37	8,11	75	100	20	3,00	3,00
75 x 100 x 20 x 3,35	7,05	8,98	75	100	20	3,35	3,35
80 x 160 x 30 x 3,00	8,48	10,81	80	160	30	3,00	3,00
80 x 160 x 30 x 3,75	10,46	13,33	80	160	30	3,75	3,75
80 x 160 x 30 x 4,75	13,00	16,57	80	160	30	4,75	4,75
100 x 50 x 20 x 2,00	4,35	5,54	100	50	20	2,00	2,00
100 x 50 x 20 x 2,25	4,86	6,19	100	50	20	2,25	2,25
100 x 50 x 20 x 2,65	5,67	7,22	100	50	20	2,65	2,65
100 x 50 x 20 x 3,00	6,37	8,11	100	50	20	3,00	3,00
100 x 50 x 20 x 3,35	7,05	8,98	100	50	20	3,35	3,35

Eixo x			Eixo y					torção/empenamento		
I_x cm^4	W_x cm^3	r_x cm	I_y cm^4	W_y cm^3	r_y cm	y_g cm	y_0 cm	I_t cm^4	Iw cm^6	r_0 cm
16,90	5,39	1,93	84,91	12,49	4,33	1,87	1,77	0,060	205,67	5,06
18,62	5,94	1,92	93,93	13,86	4,31	1,86	1,75	0,085	226,96	5,03
21,22	6,76	1,90	107,57	15,97	4,27	1,86	1,73	0,138	259,14	4,98
23,32	7,43	1,88	118,73	17,72	4,24	1,86	1,71	0,198	285,46	4,94
25,26	8,04	1,86	129,13	19,37	4,21	1,86	1,69	0,273	310,12	4,90
62,89	15,27	2,61	317,95	33,82	5,86	2,58	2,43	0,277	1309,74	6,86
75,13	18,23	2,57	382,55	41,02	5,80	2,58	2,39	0,533	1567,35	6,78
89,44	21,68	2,52	458,94	49,75	5,71	2,57	2,34	1,059	1872,04	6,66
39,80	9,35	2,81	59,82	10,78	3,45	3,24	3,14	0,067	288,90	5,45
44,06	10,35	2,80	66,16	11,97	3,43	3,24	3,13	0,095	319,39	5,42
50,56	11,86	2,78	75,76	13,81	3,40	3,24	3,11	0,153	365,77	5,38
55,93	13,12	2,76	83,61	15,34	3,37	3,24	3,09	0,221	403,99	5,34
61,01	14,30	2,74	90,94	16,79	3,34	3,23	3,07	0,304	440,09	5,30
44,29	9,75	2,83	108,92	16,02	4,44	2,96	2,86	0,074	584,03	5,99
49,06	10,80	2,81	120,80	17,83	4,42	2,96	2,85	0,104	647,25	5,96
56,36	12,40	2,79	138,97	20,63	4,39	2,95	2,82	0,169	744,16	5,92
62,41	13,72	2,77	154,01	22,99	4,36	2,95	2,80	0,243	824,78	5,88
68,15	14,97	2,76	168,25	25,24	4,33	2,95	2,78	0,335	901,62	5,84
102,02	20,13	3,07	512,07	47,86	6,88	2,93	2,78	0,324	3266,03	8,03
122,62	24,17	3,03	619,83	58,34	6,82	2,93	2,74	0,624	3937,63	7,95
147,21	28,99	2,98	750,31	71,29	6,73	2,92	2,68	1,245	4750,88	7,83
69,87	13,50	3,55	32,24	7,50	2,41	4,82	4,73	0,074	268,29	6,39
77,49	14,97	3,54	35,56	8,32	2,40	4,82	4,71	0,104	295,95	6,36
89,17	17,22	3,51	40,53	9,57	2,37	4,82	4,69	0,169	337,72	6,32
98,90	19,09	3,49	44,54	10,61	2,34	4,82	4,67	0,243	371,82	6,29
108,17	20,88	3,47	48,24	11,58	2,32	4,82	4,66	0,335	403,73	6,25

Tabela A.7 Perfil U enrijecido – Aço zincado – Dimensões, massas e propriedades geométricas.

Perfil			Dimensões				
Ue	m kg/m	A cm²	b_w mm	b_f mm	D mm	$t = t_n$ mm	r_i mm
75 x 40 x 15 x 0,65	0,87	1,11	75	40	15,00	0,614	0,65
75 x 40 x 15 x 0,80	1,08	1,37	75	40	15,00	0,764	0,80
75 x 40 x 15 x 0,95	1,28	1,64	75	40	15,00	0,914	0,95
75 x 40 x 15 x 1,25	1,69	2,15	75	40	15,00	1,214	1,25
75 x 40 x 15 x 1,55	2,08	2,65	75	40	15,00	1,514	1,55
75 x 40 x 15 x 1,95	2,59	3,30	75	40	15,00	1,914	1,95
75 x 40 x 15 x 2,30	3,02	3,85	75	40	15,00	2,264	2,30
75 x 40 x 15 x 2,70	3,50	4,46	75	40	15,00	2,664	2,70
90 x 40 x 12 x 0,95	1,35	1,72	90	40	12,00	0,914	0,95
90 x 40 x 12 x 1,25	1,77	2,26	90	40	12,00	1,214	1,25
90 x 40 x 12 x 1,55	2,19	2,79	90	40	12,00	1,514	1,55
90 x 40 x 12 x 2,30	3,18	4,05	90	40	12,00	2,264	2,30
90 x 40 x 12 x 2,70	3,69	4,70	90	40	12,00	2,664	2,70
100 x 50 x 17 x 0,95	1,64	2,08	100	50	17,00	0,914	0,95
100 x 50 x 17 x 1,25	2,15	2,74	100	50	17,00	1,214	1,25
100 x 50 x 17 x 1,55	2,66	3,39	100	50	17,00	1,514	1,55
100 x 50 x 17 x 1,95	3,33	4,24	100	50	17,00	1,914	1,95
100 x 50 x 17 x 2,30	3,89	4,96	100	50	17,00	2,264	2,30
100 x 50 x 17 x 2,70	4,53	5,77	100	50	17,00	2,664	2,70
127 x 50 x 17 x 0,95	1,83	2,33	127	50	17,00	0,914	0,95
127 x 50 x 17 x 1,25	2,41	3,07	127	50	17,00	1,214	1,25
127 x 50 x 17 x 1,55	2,98	3,80	127	50	17,00	1,514	1,55
127 x 50 x 17 x 1,95	3,73	4,75	127	50	17,00	1,914	1,95
127 x 50 x 17 x 2,30	4,37	5,57	127	50	17,00	2,264	2,30
127 x 50 x 17 x 2,70	5,09	6,48	127	50	17,00	2,664	2,70
140 x 40 x 12 x 0,95	1,71	2,17	140	40	12,00	0,914	0,95
140 x 40 x 12 x 1,25	2,25	2,86	140	40	12,00	1,214	1,25
140 x 40 x 12 x 1,55	2,78	3,54	140	40	12,00	1,514	1,55
140 x 40 x 12 x 2,30	4,07	5,19	140	40	12,00	2,264	2,30
140 x 40 x 12 x 2,70	4,74	6,03	140	40	12,00	2,664	2,70
200 x 40 x 12 x 0,95	2,14	2,72	200	40	12,00	0,914	0,95
200 x 40 x 12 x 1,25	2,82	3,59	200	40	12,00	1,214	1,25
200 x 40 x 12 x 1,55	3,49	4,45	200	40	12,00	1,514	1,55
200 x 40 x 12 x 2,30	5,14	6,54	200	40	12,00	2,264	2,30
200 x 40 x 12 x 2,70	5,99	7,63	200	40	12,00	2,664	2,70
250 x 40 x 12 x 0,95	2,50	3,18	250	40	12,00	0,914	0,95
250 x 40 x 12 x 1,25	3,30	4,20	250	40	12,00	1,214	1,25
250 x 40 x 12 x 1,55	4,09	5,21	250	40	12,00	1,514	1,55
250 x 40 x 12 x 2,30	6,03	7,68	250	40	12,00	2,264	2,30
250 x 40 x 12 x 2,70	7,04	8,96	250	40	12,00	2,664	2,70
300 x 40 x 12 x 0,95	2,86	3,64	300	40	12,00	0,914	0,95
300 x 40 x 12 x 1,25	3,77	4,81	300	40	12,00	1,214	1,25
300 x 40 x 12 x 1,55	4,68	5,96	300	40	12,00	1,514	1,55
300 x 40 x 12 x 2,30	6,91	8,81	300	40	12,00	2,264	2,30
300 x 40 x 12 x 2,70	8,08	10,29	300	40	12,00	2,664	2,70

Eixo x					Eixo y			torção/empenamento		
I_x cm^4	W_x cm^3	r_x cm	X_g cm	x_0 cm	I_y cm^4	W_y cm^3	r_y cm	I_t cm^4	Iw cm^6	r_0 cm
10,31	2,75	3,05	1,51	3,63	2,79	1,12	1,58	0,001	42,14	5,00
12,69	3,38	3,04	1,51	3,62	3,42	1,37	1,58	0,003	51,53	4,98
15,02	4,01	3,03	1,51	3,60	4,03	1,62	1,57	0,005	60,59	4,96
19,52	5,20	3,01	1,51	3,56	5,19	2,08	1,55	0,011	77,72	4,92
23,80	6,35	3,00	1,51	3,53	6,27	2,51	1,54	0,020	93,58	4,88
29,20	7,79	2,98	1,50	3,48	7,60	3,04	1,52	0,040	112,86	4,82
33,63	8,97	2,96	1,50	3,43	8,66	3,46	1,50	0,066	128,05	4,77
38,35	10,23	2,93	1,50	3,39	9,75	3,90	1,48	0,105	143,60	4,72
22,35	4,97	3,61	1,31	3,19	3,93	1,46	1,51	0,005	70,23	5,05
29,09	6,46	3,59	1,31	3,15	5,05	1,88	1,50	0,011	90,19	5,01
35,53	7,90	3,57	1,31	3,12	6,10	2,27	1,48	0,021	108,73	4,97
50,39	11,20	3,53	1,30	3,02	8,38	3,11	1,44	0,069	149,21	4,86
57,60	12,80	3,50	1,30	2,98	9,42	3,49	1,42	0,111	167,60	4,81
34,16	6,83	4,05	1,79	4,32	7,88	2,46	1,95	0,006	192,83	6,23
44,61	8,92	4,03	1,79	4,28	10,22	3,18	1,93	0,013	249,16	6,19
54,69	10,94	4,02	1,79	4,24	12,43	3,87	1,91	0,026	302,26	6,15
67,55	13,51	3,99	1,78	4,19	15,19	4,72	1,89	0,052	368,18	6,09
78,28	15,66	3,97	1,78	4,15	17,43	5,42	1,87	0,085	421,49	6,04
89,94	17,99	3,95	1,78	4,10	19,81	6,15	1,85	0,136	477,62	5,99
59,30	9,34	5,04	1,60	3,98	8,56	2,52	1,92	0,006	307,83	6,70
77,59	12,22	5,03	1,60	3,94	11,09	3,27	1,90	0,015	398,62	6,66
95,30	15,01	5,01	1,60	3,90	13,49	3,97	1,88	0,029	484,60	6,62
118,03	18,59	4,98	1,60	3,86	16,50	4,85	1,86	0,058	592,01	6,57
137,10	21,59	4,96	1,60	3,81	18,95	5,57	1,84	0,095	679,46	6,52
157,97	24,88	4,94	1,60	3,77	21,54	6,33	1,82	0,153	772,23	6,47
62,73	8,96	5,37	1,05	2,68	4,51	1,53	1,44	0,006	179,14	6,17
81,97	11,71	5,35	1,05	2,65	5,80	1,96	1,42	0,014	231,02	6,14
100,54	14,36	5,33	1,05	2,62	7,00	2,37	1,41	0,027	279,67	6,10
144,10	20,59	5,27	1,04	2,53	9,64	3,26	1,36	0,089	387,92	6,00
165,68	23,67	5,24	1,04	2,49	10,83	3,66	1,34	0,143	438,27	5,95
147,74	14,77	7,37	0,85	2,27	4,95	1,57	1,35	0,008	395,46	7,82
193,57	19,36	7,34	0,85	2,24	6,36	2,02	1,33	0,018	511,10	7,79
238,10	23,81	7,31	0,85	2,21	7,69	2,44	1,31	0,034	620,09	7,75
343,76	34,38	7,25	0,85	2,13	10,57	3,36	1,27	0,112	864,79	7,66
396,85	39,68	7,21	0,85	2,09	11,88	3,78	1,25	0,180	979,88	7,61
255,80	20,46	8,97	0,73	2,02	5,20	1,59	1,28	0,009	653,67	9,28
335,68	26,85	8,94	0,73	1,99	6,69	2,05	1,26	0,021	845,58	9,25
413,56	33,08	8,91	0,74	1,96	8,07	2,47	1,24	0,040	1026,83	9,21
599,56	47,97	8,84	0,74	1,89	11,10	3,41	1,20	0,131	1435,30	9,12
693,73	55,50	8,80	0,75	1,85	12,47	3,83	1,18	0,212	1628,28	9,07
403,83	26,92	10,54	0,64	1,82	5,38	1,60	1,22	0,010	986,66	10,76
530,58	35,37	10,51	0,65	1,79	6,93	2,07	1,20	0,024	1277,02	10,73
654,49	43,63	10,47	0,65	1,76	8,36	2,50	1,18	0,046	1551,59	10,69
951,86	63,46	10,40	0,66	1,70	11,49	3,44	1,14	0,150	2171,70	10,60
1103,27	73,55	10,35	0,67	1,66	12,90	3,87	1,12	0,243	2465,43	10,54

[a] Espessura do revestimento metálico considerada no cálculo: tr = 0,036 mm.

Tabela A.8 Perfil cartola – Aço zincadoa – Dimensões, massas e propriedades geométricas.

Perfil			Dimensões				
Cr	m kg/m	A cm²	b_w mm	b_f mm	D mm	$t = t_n$ mm	r_i mm
20 x 30 x 12 x 0,95	0,63	0,80	20	30	12	0,914	0,95
20 x 30 x 12 x 1,25	0,82	1,04	20	30	12	1,214	1,25
20 x 30 x 12 x 1,55	1,00	1,27	20	30	12	1,514	1,55
20 x 30 x 12 x 2,30	1,40	1,79	20	30	12	2,264	2,30
20 x 30 x 12 x 2,70	1,60	2,04	20	30	12	2,664	2,70
21 x 30 x 13 x 0,32	0,21	0,27	21	30	13	0,284	0,32
21 x 30 x 13 x 0,38	0,26	0,33	21	30	13	0,344	0,38
21 x 30 x 13 x 0,43	0,29	0,38	21	30	13	0,394	0,43
21 x 30 x 13 x 0,50	0,35	0,44	21	30	13	0,464	0,50
21 x 30 x 13 x 0,65	0,45	0,58	21	30	13	0,614	0,65
21 x 75 x 10 x 0,43	0,42	0,53	21	75	10	0,394	0,43
21 x 75 x 10 x 0,50	0,49	0,62	21	75	10	0,464	0,50
21 x 75 x 10 x 0,65	0,64	0,82	21	75	10	0,614	0,65
21 x 75 x 10 x 0,80	0,79	1,01	21	75	10	0,764	0,80
21 x 75 x 10 x 0,95	0,94	1,20	21	75	10	0,914	0,95

Eixo x			Eixo y					torção/empenamento		
I_x cm⁴	W_x cm³	r_x cm	I_y cm⁴	W_y cm³	r_y cm	y_g cm	y_0 cm	I_t cm⁴	Iw cm⁶	r_0 cm
0,52	0,48	0,80	1,75	0,67	1,48	0,93	0,89	0,002	0,53	1,90
0,65	0,61	0,79	2,20	0,85	1,45	0,93	0,87	0,005	0,66	1,87
0,76	0,71	0,77	2,59	1,02	1,43	0,93	0,86	0,010	0,77	1,84
0,97	0,90	0,73	3,28	1,33	1,35	0,93	0,82	0,031	0,96	1,75
1,04	0,97	0,71	3,48	1,43	1,31	0,93	0,80	0,048	1,03	1,69
0,21	0,19	0,87	0,66	0,24	1,55	1,01	0,99	0,000	0,23	2,04
0,25	0,23	0,87	0,79	0,29	1,55	1,01	0,99	0,000	0,28	2,03
0,28	0,26	0,87	0,90	0,33	1,55	1,01	0,99	0,000	0,31	2,03
0,33	0,30	0,86	1,05	0,38	1,54	1,01	0,98	0,000	0,36	2,02
0,42	0,39	0,86	1,35	0,49	1,53	1,01	0,98	0,001	0,46	2,01
0,35	0,24	0,82	4,95	1,05	3,06	0,63	0,61	0,000	2,64	3,22
0,41	0,28	0,81	5,79	1,23	3,05	0,63	0,61	0,000	3,07	3,22
0,53	0,36	0,80	7,54	1,61	3,04	0,63	0,60	0,001	3,97	3,20
0,64	0,44	0,80	9,23	1,98	3,03	0,63	0,59	0,002	4,83	3,19
0,75	0,51	0,79	10,86	2,33	3,01	0,63	0,58	0,003	5,65	3,17

[a] Espessura do revestimento metálico considerada no cálculo: tr = 0,036 mm.

ANEXO

B

Forças normais e momentos fletores críticos de perfis formados a frio abordados por Pierin, Silva e La Rovere (2013)

Tabela B.1 Forças normais e momentos fletores críticos para perfis Ue.

Ue	N_e (kN)	N_{dist} (kN)	$M_{e,x}$ (kNm)	$M_{dist,x}$ (kNm)	$M_{e,y}$ (kNm)
50 x 25 x 10 x 1,20	86,96	95,51	4,51	2,81	0,91
50 x 25 x 10 x 1,50	167,79	154,62	8,70	4,51	1,77
50 x 25 x 10 x 2,00	368,58	290,84	20,01	8,40	4,16
50 x 25 x 10 x 2,25	520,84	378,53	27,89	10,88	5,88
50 x 25 x 10 x 2,65	836,40	547,38	–	15,62	9,54
50 x 25 x 10 x 3,00	1187,74	726,23	–	20,60	13,72
75 x 40 x 15 x 1,20	55,27	89,68	4,27	3,88	0,98
75 x 40 x 15 x 1,50	107,75	143,66	8,29	6,18	1,90
75 x 40 x 15 x 2,00	254,45	265,86	19,44	11,34	4,50
75 x 40 x 15 x 2,25	360,94	343,33	27,49	14,57	6,39
75 x 40 x 15 x 2,65	586,37	490,11	44,30	20,70	10,41
75 x 40 x 15 x 3,00	847,53	645,28	63,26	27,11	15,05
100 x 40 x 17 x 1,20	37,17	98,93	5,48	5,27	0,71
100 x 40 x 17 x 1,50	72,46	130,03	10,66	8,41	1,39
100 x 40 x 17 x 2,00	170,82	240,76	25,11	15,45	3,28
100 x 40 x 17 x 2,25	242,78	310,64	35,58	19,87	4,67
100 x 40 x 17 x 2,65	394,49	444,88	57,60	28,27	7,58
100 x 40 x 17 x 3,00	569,22	584,89	82,67	37,03	10,96
100 x 40 x 17 x 3,35	788,23	747,51	113,43	47,14	15,21
100 x 50 x 17 x 1,20	39,69	80,47	4,59	4,61	0,90
100 x 50 x 17 x 1,50	77,37	128,77	8,93	7,33	1,75
100 x 50 x 17 x 2,00	183,07	237,89	21,00	13,44	4,14
100 x 50 x 17 x 2,25	260,17	306,91	29,73	17,25	5,88
100 x 50 x 17 x 2,65	423,49	438,45	48,10	24,49	9,57
100 x 50 x 17 x 3,00	612,14	575,60	69,02	32,04	13,86
100 x 50 x 17 x 3,35	847,59	736,27	94,77	40,71	19,23
125 x 50 x 17 x 2,00	132,56	207,10	25,12	15,98	3,20
125 x 50 x 17 x 2,25	188,40	267,92	35,59	20,57	4,55
125 x 50 x 17 x 2,65	306,68	384,19	57,53	29,31	7,42
125 x 50 x 17 x 3,00	442,53	506,44	82,46	38,40	10,72
125 x 50 x 17 x 3,35	613,93	649,98	112,86	48,97	14,88
125 x 50 x 20 x 3,75	879,48	895,65	160,54	69,71	21,26
150 x 60 x 20 x 2,00	110,38	198,64	25,22	18,45	3,20
150 x 60 x 20 x 2,25	156,88	256,17	35,79	23,69	4,55
150 x 60 x 20 x 2,65	255,84	366,14	58,08	33,63	7,41
150 x 60 x 20 x 3,00	369,84	480,79	83,62	43,96	10,74
150 x 60 x 20 x 3,35	514,04	615,16	115,34	55,90	14,93
150 x 60 x 20 x 3,75	717,09	791,95	159,50	71,60	20,86
150 x 60 x 20 x 4,25	1038,13	1051,52	–	94,49	30,26
150 x 60 x 20 x 4,75	1438,65	1358,58	–	121,17	42,09
200 x 75 x 20 x 2,00	78,67	153,26	24,95	19,54	2,91

(continua)

(continuação)

Ue							N_e (kN)	N_{dist} (kN)	$M_{e,x}$ (kNm)	$M_{dist,x}$ (kNm)	$M_{e,y}$ (kNm)
200	x	75	x	20	x	2,25	111,82	198,14	35,41	25,13	4,13
200	x	75	x	25	x	2,65	187,37	331,35	59,08	42,75	6,92
200	x	75	x	25	x	3,00	271,36	434,37	85,40	55,73	10,04
200	x	75	x	25	x	3,35	377,17	553,18	118,35	70,65	13,95
200	x	75	x	25	x	4,75	1063,56	1208,85	326,85	151,55	39,42
200	x	75	x	30	x	6,30	2515,66	2478,60	–	317,57	93,21
200	x	100	x	25	x	2,65	205,11	319,40	48,32	34,40	9,29
200	x	100	x	25	x	3,00	297,04	417,29	69,81	44,77	13,48
200	x	100	x	25	x	3,35	412,85	530,58	96,74	56,68	18,74
200	x	100	x	25	x	3,75	578,02	679,90	134,75	72,22	26,29
200	x	100	x	25	x	4,25	839,86	896,06	194,04	94,74	38,19
200	x	100	x	25	x	4,75	1168,17	1150,73	267,50	120,73	53,23
250	x	85	x	25	x	2,00	61,33	143,87	24,80	25,41	2,64
250	x	85	x	25	x	2,25	87,17	185,49	35,25	32,61	3,76
250	x	85	x	25	x	2,65	142,17	264,86	57,41	46,23	6,13
250	x	85	x	25	x	3,00	205,90	347,93	83,04	60,35	8,87
250	x	85	x	25	x	3,35	286,19	444,61	115,15	76,67	12,33
250	x	85	x	25	x	3,75	399,99	572,03	160,62	98,07	17,27
250	x	85	x	25	x	4,25	580,19	759,67	231,69	129,20	25,09
250	x	85	x	25	x	4,75	805,62	980,44	319,24	165,44	34,90
250	x	85	x	30	x	6,30	1902,26	2075,83	–	350,26	82,66
250	x	100	x	25	x	2,65	149,09	273,15	57,34	41,13	7,21
250	x	100	x	25	x	3,00	215,92	358,04	82,81	53,62	10,44
250	x	100	x	25	x	3,35	300,10	465,68	114,69	68,01	14,53
250	x	100	x	25	x	3,75	420,19	587,19	159,70	86,93	20,35
250	x	100	x	25	x	4,25	610,56	777,07	229,68	114,30	29,57
250	x	100	x	25	x	4,75	849,29	1001,18	315,51	146,13	41,21
300	x	85	x	25	x	2,00	47,88	–	23,06	28,30	2,17
300	x	85	x	25	x	2,25	68,05	–	32,77	36,40	3,08
300	x	85	x	25	x	2,65	110,78	–	53,41	51,76	5,03
300	x	85	x	25	x	3,00	160,45	–	77,25	67,78	7,28
300	x	85	x	25	x	3,35	222,63	–	107,18	86,30	10,12
300	x	85	x	25	x	3,75	311,18	–	149,60	110,73	14,14
300	x	85	x	25	x	4,25	450,58	–	216,11	146,38	20,52
300	x	85	x	25	x	4,75	624,57	–	298,38	188,02	28,49
300	x	85	x	30	x	6,30	1471,93	1639,62	–	397,82	67,46
300	x	100	x	25	x	2,65	115,74	–	56,14	47,04	5,89
300	x	100	x	25	x	3,00	167,62	–	81,17	61,48	8,53
300	x	100	x	25	x	3,35	232,98	367,96	112,60	78,15	11,86
300	x	100	x	25	x	3,75	325,64	474,76	157,12	100,05	16,61
300	x	100	x	25	x	4,25	472,33	632,61	226,66	132,02	24,13
300	x	100	x	25	x	4,75	657,05	818,06	312,46	169,28	33,57

Tabela B.2 Forças normais e momentos fletores críticos para perfis Ue zincados.

Ue	N_e (kN)	N_{dist} (kN)	$M_{e,x}$ (kNm)	$M_{dist,x}$ (kNm)	$M_{e,y}$ (kNm)
75 x 40 x 15 x 0,65	7,43	22,32	0,58	0,98	0,13
75 x 40 x 15 x 0,80	14,32	35,02	1,11	1,53	0,25
75 x 40 x 15 x 0,95	24,47	50,75	1,89	2,21	0,43
75 x 40 x 15 x 1,25	57,23	91,90	4,42	3,97	1,01
75 x 40 x 15 x 1,55	110,79	146,48	8,53	6,30	1,96
75 x 40 x 15 x 1,95	223,43	241,77	17,07	10,33	3,94
75 x 40 x 15 x 2,30	367,72	347,71	27,99	14,77	6,51
75 x 40 x 15 x 2,70	595,71	496,80	44,98	20,94	10,57
90 x 40 x 12 x 0,95	18,18	39,83	2,27	2,09	0,34
90 x 40 x 12 x 1,25	42,53	72,89	5,28	3,79	0,80
90 x 40 x 12 x 1,55	82,18	117,49	10,16	6,06	1,54
90 x 40 x 12 x 2,30	272,30	286,37	32,85	14,50	5,13
90 x 40 x 12 x 2,70	440,36	414,17	–	20,78	8,32
100 x 50 x 17 x 0,95	17,57	45,64	2,03	2,62	0,40
100 x 50 x 17 x 1,25	41,09	82,49	4,75	4,72	0,93
100 x 50 x 17 x 1,55	79,56	131,56	9,19	7,48	1,80
100 x 50 x 17 x 1,95	160,45	216,51	18,43	12,24	3,63
100 x 50 x 17 x 2,30	265,06	311,20	30,29	17,48	5,99
100 x 50 x 17 x 2,70	430,24	443,03	48,84	24,77	9,73
127 x 50 x 17 x 0,95	12,44	38,62	2,44	3,13	0,30
127 x 50 x 17 x 1,25	29,15	70,13	5,70	5,64	0,71
127 x 50 x 17 x 1,55	56,44	112,07	11,02	8,96	1,37
127 x 50 x 17 x 1,95	113,63	185,62	22,15	14,72	2,76
127 x 50 x 17 x 2,30	187,71	267,82	36,39	21,10	4,56
127 x 50 x 17 x 2,70	304,16	383,80	58,68	30,01	7,40
140 x 40 x 12 x 0,95	9,85	–	2,21	2,81	0,21
140 x 40 x 12 x 1,25	22,99	–	5,17	5,15	0,49
140 x 40 x 12 x 1,55	44,36	–	9,97	8,31	0,95
140 x 40 x 12 x 2,30	145,72	–	32,53	20,32	3,12
140 x 40 x 12 x 2,70	234,42	–	–	29,45	5,05
200 x 40 x 12 x 0,95	6,18	–	1,86	3,02	0,14
200 x 40 x 12 x 1,25	14,35	–	4,35	5,63	0,34
200 x 40 x 12 x 1,55	27,60	–	8,38	9,24	0,64
200 x 40 x 12 x 2,30	88,80	–	27,10	23,42	2,10
200 x 40 x 12 x 2,70	140,51	–	–	34,49	3,37
250 x 40 x 12 x 0,95	4,67	–	1,68	–	0,11
250 x 40 x 12 x 1,25	10,79	–	3,91	–	0,26
250 x 40 x 12 x 1,55	20,54	–	7,51	–	0,50
250 x 40 x 12 x 2,30	63,92	–	–	22,60	1,61
250 x 40 x 12 x 2,70	99,88	–	–	33,89	2,55
300 x 40 x 12 x 0,95	3,73	–	1,55	–	0,09
300 x 40 x 12 x 1,25	8,52	–	3,59	–	0,22
300 x 40 x 12 x 1,55	15,97	–	6,86	–	0,41
300 x 40 x 12 x 2,30	48,31	–	–	20,63	1,27
300 x 40 x 12 x 2,70	75,63	–	–	31,52	2,00

Tabela B.3 Forças normais e momentos fletores críticos para perfis Z90.

Z90							N_e (kN)	N_{dist} (kN)	$M_{e,x}$ (kNm)	$M_{dist,x}$ (kNm)	$M_{e,y}$ (kNm)	$M_{dist,y}$ (kNm)
50	x	25	x	10	x	1,20	80,96	95,81	4,51	2,81	2,35	1,31
50	x	25	x	10	x	1,50	157,25	155,79	8,70	4,51	4,56	2,11
50	x	25	x	10	x	2,00	367,89	294,31	20,01	8,40	10,65	3,95
50	x	25	x	10	x	2,25	519,85	383,47	27,89	10,88	15,00	5,11
50	x	25	x	10	x	2,65	834,79	555,45	–	15,62	24,06	7,37
50	x	25	x	10	x	3,00	1183,05	737,94	–	20,60	34,15	9,75
75	x	40	x	15	x	1,20	55,27	90,30	4,27	3,88	2,53	1,91
75	x	40	x	15	x	1,50	107,75	144,87	8,29	6,18	4,92	3,05
75	x	40	x	15	x	2,00	254,45	268,72	19,44	11,34	11,60	5,61
75	x	40	x	15	x	2,25	360,94	347,39	27,49	14,57	16,46	7,22
75	x	40	x	15	x	2,65	586,37	497,86	44,30	20,70	26,72	10,28
75	x	40	x	15	x	3,00	845,92	654,91	63,26	27,11	38,48	13,48
100	x	50	x	17	x	1,20	39,69	80,47	4,59	4,61	2,77	2,07
100	x	50	x	17	x	1,50	77,37	128,91	8,93	7,33	5,40	3,30
150	x	50	x	17	x	2,00	183,07	238,56	21,00	13,44	12,73	6,06
100	x	50	x	17	x	2,25	259,69	307,87	29,73	17,25	18,08	7,79
100	x	50	x	17	x	2,65	423,49	440,81	48,10	24,49	29,38	11,07
100	x	50	x	17	x	3,00	611,00	580,16	69,02	32,04	42,42	14,50
100	x	50	x	17	x	3,35	847,59	742,63	94,77	40,71	58,69	18,45
125	x	50	x	17	x	2,00	132,56	203,75	25,12	15,98	12,73	5,67
125	x	50	x	17	x	2,25	188,40	263,82	35,59	20,57	18,08	7,30
125	x	50	x	17	x	2,65	306,12	379,17	57,53	29,31	29,39	10,41
125	x	50	x	17	x	3,00	442,53	500,77	82,46	38,40	42,44	13,65
125	x	50	x	17	x	3,35	612,80	643,22	112,86	48,97	58,71	17,41
125	x	50	x	20	x	3,75	879,48	882,71	160,54	69,71	70,33	25,80
150	x	60	x	20	x	2,25	156,88	252,19	35,79	23,69	18,43	8,37
150	x	60	x	20	x	2,65	255,84	360,58	58,08	33,63	3–	11,89
150	x	60	x	20	x	3,00	369,84	474,74	83,62	43,96	43,35	15,55
150	x	60	x	20	x	3,35	513,10	607,67	115,34	55,90	60,10	19,78
150	x	60	x	20	x	3,75	717,09	784,07	159,50	71,60	83,82	25,34
150	x	60	x	20	x	4,25	1036,22	1041,96	–	94,49	120,98	33,46
150	x	60	x	20	x	4,75	1435,98	1347,90	–	121,17	241,05	104,16
200	x	75	x	20	x	2,00	78,67	150,86	24,95	19,54	14,22	6,14
200	x	75	x	20	x	2,25	111,82	195,13	35,41	25,13	20,19	7,90
200	x	75	x	25	x	2,65	187,37	324,62	59,08	42,75	30,14	14,12
200	x	75	x	25	x	3,00	271,36	425,59	85,40	55,73	43,62	18,41
200	x	75	x	25	x	3,35	377,17	542,99	118,35	70,65	60,58	23,35
200	x	75	x	25	x	3,75	527,14	697,77	164,91	90,22	84,68	29,84
200	x	75	x	25	x	4,25	764,58	924,16	237,58	118,66	122,66	39,22
200	x	75	x	25	x	4,75	1061,62	1189,48	326,85	151,55	170,22	50,14
200	x	75	x	30	x	6,30	2511,03	2432,27	–	317,57	330,77	110,16

(continua)

(continuação)

Z90							N_e (kN)	N_{dist} (kN)	$M_{e,x}$ (kNm)	$M_{dist,x}$ (kNm)	$M_{e,y}$ (kNm)	$M_{dist,y}$ (kNm)
250	x	85	x	25	x	2,00	61,33	140,50	24,80	25,41	13,95	7,39
250	x	85	x	25	x	2,25	87,17	181,31	35,25	32,61	19,84	9,48
250	x	85	x	25	x	2,65	142,17	259,04	57,41	46,23	32,32	13,44
250	x	85	x	25	x	3,00	205,90	340,59	83,04	60,35	46,74	17,56
250	x	85	x	25	x	3,35	286,19	435,41	115,15	76,67	64,85	22,30
250	x	85	x	25	x	3,75	399,99	561,28	160,62	98,07	90,55	28,51
250	x	85	x	25	x	4,25	580,19	746,10	231,69	129,20	130,88	37,66
250	x	85	x	25	x	4,75	805,62	964,41	319,24	165,44	181,03	48,08
250	x	85	x	30	x	6,30	1902,26	2030,70	–	350,26	376,74	106,51
300	x	85	x	25	x	2,00	47,88	–	23,06	28,30	13,96	6,99
300	x	85	x	25	x	2,25	68,05	–	32,77	36,40	19,84	8,98
300	x	85	x	25	x	2,65	110,78	–	53,41	51,76	32,33	12,76
300	x	85	x	25	x	3,00	160,45	253,23	77,25	67,78	46,76	16,69
300	x	85	x	25	x	3,35	222,63	325,90	107,18	86,30	64,88	21,24
300	x	85	x	25	x	3,75	311,18	419,13	149,60	110,73	90,58	27,23
300	x	85	x	25	x	4,25	450,58	562,82	216,11	146,38	130,93	35,96
300	x	85	x	25	x	4,75	624,57	739,86	298,38	188,02	181,12	46,14
300	x	85	x	30	x	6,30	1469,27	1602,35	–	397,82	376,89	102,23

Tabela B.4 Forças normais e momentos fletores críticos para perfis Z45.

Z45							Ne (kN)	Ndist (kN)	Me,x (kNm)	Mdist,x (kNm)	Me,y (kNm)	Mdist,y (kNm)
100	x	50	x	17	x	1,20	39,62	52,99	4,67	2,83	2,80	1,29
100	x	50	x	17	x	1,50	77,23	86,08	9,08	4,56	5,42	2,08
100	x	50	x	17	x	2,00	182,05	162,76	21,29	8,52	12,53	3,89
100	x	50	x	17	x	2,25	258,73	212,48	30,09	11,06	17,49	5,04
100	x	50	x	17	x	2,65	419,55	308,56	48,20	15,94	–	7,26
100	x	50	x	17	x	3,00	604,15	412,28	–	21,11	–	9,62
100	x	50	x	17	x	3,35	831,69	534,31	–	27,20	–	12,40
125	x	50	x	17	x	2,00	131,84	146,22	25,39	10,26	12,53	3,68
125	x	50	x	17	x	2,25	187,03	191,47	35,75	13,34	17,50	4,79
125	x	50	x	17	x	2,65	302,78	279,92	–	19,28	–	6,92
125	x	50	x	17	x	3,00	436,05	375,38	–	25,60	–	9,19
125	x	50	x	17	x	3,35	599,28	488,89	–	33,08	–	11,87
125	x	50	x	20	x	3,75	860,08	666,08	–	45,55	–	16,95
150	x	60	x	20	x	2,00	109,98	138,27	25,56	11,75	13,01	4,20
150	x	60	x	20	x	2,25	156,31	180,14	36,18	15,22	18,34	5,44
150	x	60	x	20	x	2,65	253,98	261,86	58,26	21,89	29,28	7,82
150	x	60	x	20	x	3,00	366,48	348,99	–	28,96	41,17	10,34

(continua)

(continuação)

Z45							Ne (kN)	Ndist (kN)	Me,x (kNm)	Mdist,x (kNm)	Me,y (kNm)	Mdist,y (kNm)
150	x	60	x	20	x	3,35	506,54	452,24	–	37,21	–	13,30
150	x	60	x	20	x	3,75	703,95	592,32	–	48,22	–	17,23
150	x	60	x	20	x	4,25	1005,63	801,06	–	64,61	–	23,08
150	x	60	x	20	x	4,75	1363,92	1051,63	–	83,98	–	30,04
200	x	75	x	20	x	2,00	78,25	109,98	25,06	13,01	15,22	4,14
200	x	75	x	20	x	2,25	111,22	143,74	35,44	16,87	21,66	5,37
200	x	75	x	25	x	2,65	186,36	234,13	59,74	27,48	30,13	9,18
200	x	75	x	25	x	3,00	269,41	310,89	86,01	36,15	43,14	12,07
200	x	75	x	25	x	3,35	373,77	400,95	118,25	46,27	59,03	15,45
200	x	75	x	25	x	3,75	521,42	521,42	–	59,74	80,42	19,93
200	x	75	x	25	x	4,25	752,10	700,75	–	79,46	–	26,52
200	x	75	x	25	x	4,75	1040,31	916,32	–	102,86	–	34,30
200	x	75	x	30	x	6,30	2409,11	1899,49	–	211,90	–	73,79
250	x	85	x	25	x	2,00	61,12	101,90	25,05	16,57	14,62	4,86
250	x	85	x	25	x	2,25	86,86	132,69	35,56	21,40	20,78	6,28
250	x	85	x	25	x	2,65	141,41	192,25	57,74	30,67	33,82	9,00
250	x	85	x	25	x	3,00	204,43	255,81	83,10	40,42	48,84	11,85
250	x	85	x	25	x	3,35	283,12	330,65	114,34	51,81	67,55	15,18
250	x	85	x	25	x	3,75	394,98	431,53	–	66,93	93,57	19,60
250	x	85	x	25	x	4,25	569,75	582,27	–	89,23	–	26,11
250	x	85	x	25	x	4,75	786,68	763,37	–	115,66	–	33,82
250	x	85	x	30	x	6,30	1812,01	1624,56	–	240,92	–	73,40
300	x	85	x	25	x	2,00	47,62	76,87	23,23	18,86	14,62	4,64
300	x	85	x	25	x	2,25	67,57	100,88	32,98	24,43	20,78	6,01
300	x	85	x	25	x	2,65	110,01	148,88	53,56	35,15	33,83	8,63
300	x	85	x	25	x	3,00	158,76	202,75	77,17	46,48	48,85	11,39
300	x	85	x	25	x	3,35	219,49	258,75	106,27	59,74	67,56	14,62
300	x	85	x	25	x	3,75	305,67	337,62	–	77,47	93,60	18,92
300	x	85	x	25	x	4,25	439,35	469,02	–	103,71	–	25,28
300	x	85	x	25	x	4,75	603,31	608,90	–	134,79	–	32,81
300	x	85	x	30	x	6,30	1386,76	1333,52	–	281,58	–	71,35

Tabela B.5 Forças normais e momentos fletores críticos para perfis cartola.

Cr	N_e (kN)	$M_{e,x}$ (kNm)	$M_{e,y}$ (kNm)	$M_{dist,y}$ (kNm)
50 x 100 x 20 x 2,00	188,11	4,23	20,05	–
50 x 100 x 20 x 2,25	267,83	6,02	28,50	–
50 x 100 x 20 x 2,65	436,77	9,82	46,40	–
50 x 100 x 20 x 3,00	632,52	14,22	67,09	–
50 x 100 x 20 x 3,35	877,48	19,77	93,00	–
67 x 134 x 30 x 3,00	483,21	14,46	59,63	–
67 x 134 x 30 x 3,75	940,28	28,14	115,94	–
67 x 134 x 30 x 4,75	1903,86	57,01	233,89	–
75 x 75 x 20 x 2,00	281,37	9,47	10,84	–
75 x 75 x 20 x 2,25	399,65	13,48	15,39	–
75 x 75 x 20 x 2,65	649,76	21,99	25,00	–
75 x 75 x 20 x 3,00	938,11	31,79	36,07	–
75 x 75 x 20 x 3,35	1299,84	44,18	49,87	–
75 x 100 x 20 x 2,00	212,20	6,58	14,53	8,27
75 x 100 x 20 x 2,25	301,54	9,35	20,64	10,58
75 x 100 x 20 x 2,65	491,67	15,24	33,51	14,94
75 x 100 x 20 x 3,00	711,93	22,12	48,33	19,45
75 x 100 x 20 x 3,35	989,33	30,74	66,77	24,62
80 x 160 x 30 x 3,00	392,66	14,16	71,23	–
80 x 160 x 30 x 3,75	765,49	27,61	138,47	–
80 x 160 x 30 x 4,75	1549,96	56,02	279,32	–
80 x 160 x 30 x 6,30	3596,14	129,86	640,72	–
100 x 50 x 20 x 2,00	202,97	22,83	5,31	–
100 x 50 x 20 x 2,25	289,00	32,44	7,52	–
100 x 50 x 20 x 2,65	468,26	52,78	12,18	–
100 x 50 x 20 x 3,00	673,71	76,26	17,60	–
100 x 50 x 20 x 3,35	930,21	105,75	24,28	–

Tabela B.6 Forças normais e momentos fletores críticos para perfis cartola zincados.

Cr							N_e (kN)	$M_{e,x}$ (kNm)	$M_{dist,x}$ (kNm)	M_e (kNm)	$M_{dist,y}$ (kNm)
20	x	30	x	12	x	0,95	71,07	0,60	4,57	0,79	–
20	x	30	x	12	x	1,25	165,18	1,39	7,91	1,84	–
20	x	30	x	12	x	1,55	317,77	2,68	12,09	3,55	–
20	x	30	x	12	x	2,30	1029,72	8,77	25,94	11,55	–
20	x	30	x	12	x	2,70	1634,78	14,15	35,20	18,45	–
21	x	30	x	13	x	0,32	2,03	0,02	0,47	0,02	–
21	x	30	x	13	x	0,38	3,61	0,03	0,69	0,04	–
21	x	30	x	13	x	0,43	5,43	0,05	0,90	0,06	–
21	x	30	x	12	x	0,50	9,40	0,08	1,22	0,11	–
21	x	30	x	13	x	0,65	20,50	0,19	2,15	0,22	–
21	x	75	x	10	x	0,43	1,55	0,02	–	0,21	0,35
21	x	75	x	10	x	0,50	2,53	0,03	–	0,34	0,48
21	x	75	x	10	x	0,65	5,87	0,07	–	0,79	0,86
21	x	75	x	10	x	0,80	11,29	0,13	–	1,51	1,36
21	x	75	x	10	x	0,95	19,33	0,22	–	2,58	1,99

GRÁFICA PAYM
Tel. [11] 4392-3344
paym@graficapaym.com.br